Faserforschung und Textiltechnik

Zeitschrift für Polymerforschung

Begründet von
Erich Correns und Walter Frenzel

Herausgegeben von
Wolfgang Bobeth · Hermann Klare
Burkart Philipp · Christian Ruscher

Schriftleiter
J. Brämer und I. Ruscher

AUS DEM INHALT

Akademie-Verlag
Berlin

Faserforsch. u. Textiltechnik / Z. Polymerforsch.
25. Jahrg. · Heft 3 · Seiten 95—136 · Berlin, im März 1974
FSTXA7 25 (3) 95—136 (1974)
Preis: 15,— M · Sondersprei DDR: 9,— M

3 · 1974

Faserforschung und Textiltechnik

Zeitschrift für Polymerforschung

Begründet von Erich Correns und Walter Frenzel

Herausgegeben von

Wolfgang Bobeth – Hermann Klare – Burkart Philipp
Christian Ruscher

unter Mitwirkung von

E. Correns (Berlin) – H. Böhringer (Rudolstadt)

H. Barthel (Dresden) – V. Gröbe (Teltow) – A. Heger (Dresden) – G. Reinisch (Teltow) – G. Wiedemann (Dresden) – F. Winkler (Teltow) – H. Zimmermann (Teltow)

K.-H. Banke (Karl-Marx-Stadt) – H. Behrens (Merseburg) – W. Berger (Dresden) – H. Frommelt (Berlin) – H.-H. Hörhold (Jena) – K. Pestel (Karl-Marx-Stadt) – W. Sattler (Rudolstadt) – J. Ulbricht (Merseburg)

Schriftleiter: J. Brämer und I. Ruscher

Die Zeitschrift „Faserforschung und Textiltechnik/Z. f. Polymerforschung" erscheint monatlich in Heften zu 48 Textseiten im Format A 4. Der Preis für das Einzelheft beträgt M 15,– (Sonderpreis für DDR M 9,–), für den Vierteljahrbezug M 45,– (Sonderpreis für DDR M 27,–), zuzügl. Bestellgeld. Die Berechnung erfolgt zu Beginn eines Vierteljahrs für 3 Hefte. Falls keine Bezugsmöglichkeit durch eine Buchhandlung vorhanden ist, wenden Sie sich bitte in der Deutschen Demokratischen Republik an ein Postamt oder den Verlag, in den sozialistischen Ländern an den jeweiligen Postzeitungsvertrieb, in der Deutschen Bundesrepublik an die Auslieferungsstelle Kunst und Wissen, Erich Bieber, 7 Stuttgart 1, Wilhelmstraße 4–6, in allen übrigen Ländern an den internationalen Buch- und Zeitschriftenhandel oder den Buchexport, Volkseigener Außenhandelsbetrieb der Deutschen Demokratischen Republik, DDR-701 Leipzig, Postschließfach 276, oder den Akademie-Verlag, DDR-108 Berlin, Leipziger Str. 3–4 (Fernruf: 220441; Telex-Nr. 0112020; Postscheckkonto 35021). Bestellnummer dieses Heftes: 1014/25/3. Alleinige Anzeigenannahme DEWAG-WERBUNG, DDR-1054 Berlin, Wilhelm-Pieck-Str. 49, und alle DEWAG-Betriebe in den Bezirksstädten der DDR.

Herausgeber und verantwortlich für den Inhalt: Prof. Dr.-Ing. habil. Wolfgang Bobeth, Institut für Technologie der Fasern der Akademie der Wissenschaften der DDR, 801 Dresden, Hohe Str. 6, Fernruf: 44721; Prof. Dr. Hermann Klare, Prof. Dr. habil. Burkart Philipp und Dr. habil. Christian Ruscher, Institut für Polymerenchemie der Akademie der Wissenschaften der DDR, 153 Teltow-Seehof, Fernruf: Teltow 4831. Schriftleiter: Joachim Brämer und Dipl.-Chem. Ingeborg Ruscher, 153 Teltow-Seehof, Kantstr. 55. Verlag: Akademie-Verlag, DDR-108 Berlin, Leipziger Str. 3–4. Satz und Druck: VEB Druckhaus „Maxim Gorki", 74 Altenburg. – Veröffentlicht unter der Lizenznummer 1280 des Presseamtes beim Vorsitzenden des Ministerrates der Deutschen Demokratischen Republik. – Printed in the German Democratic Republic.

Band 25 • März 1974 • Heft 3

DK 677.494.675'126:539.21:539.22:539.26:548.231.2

Jungnickel, Bernd J., Teichgräber, Michael, und *Ruscher, Christian*

Zur diskontinuierlichen Röntgenkleinwinkelstreuung an Polymeren mit axialer oder uniplanar-axialer Textur
Teil II. Experimentelle Untersuchungen an Polyamid 6

Faserforsch. u. Textiltechnik/Z. Polymerforsch. **25** (1974) 3, S. 95—99. 9 Abb., 17 Lit.

Auf der Grundlage der in Teil I dieser Arbeit angestellten Überlegungen wird ein Auswerteverfahren für die Röntgenkleinwinkelstreubilder einachsig orientierter Strukturen angegeben und auf unterschiedlich getemperte Polyamid-6-Fäden angewendet. Die experimentell gefundene Abhängigkeit der parakristallinen Störungen der Querstruktur und der Kristallitdimensionen von der Temperatur lassen sich durch Ausheilen von Störstellen an der Lamellenoberfläche bei tiefen und partiellen Schmelzen mit Rekristallisation bei hohen Temperaturen deuten. Beide Prozesse zusammen bewirken einen röntgenographisch verfolgbaren Übergang der ursprünglich fibrillaren Struktur in eine lamellare.

DK 677.494.674'524'420:677.021.125.3:677.014.87:677.017.2/.7:677.017.8

Hoffrichter, Siegfried

Einfluß des Reckens auf die Eigenschaften von Polyester- und Copolyesterfäden

Teil II: Die Veränderung der physikalisch-chemischen und textil-physikalischen Eigenschaften beim einstufigen Recken

Faserforsch. u. Textiltechnik/Z. Polymerforsch. **25** (1974) 3, S. 100—107. 10 Abb., 3 Tab., 12 Lit.

Beim einstufigen Recken von Polyester- und Copolyesterfäden bilden sich in Abhängigkeit von den einzelnen Reckparametern und der Temperaturführung beim Recken sehr unterschiedliche übermolekulare Strukturen in den gereckten Fäden aus. Die Veränderung in der teilkristallinen Struktur wird durch Anwendung physikalisch-chemischer Untersuchungsmethoden nachgewiesen, wobei zu bisher bekannten Zusammenhängen gewisse Abweichungen auftraten. Für die Größen Schrumpfkraft, Doppelbrechung, Dichte und Orientierungsfaktor wird eine phänomenologische Beziehung angegeben. Die Auswirkung der Reckparameter auf die wichtigsten textilen Parameter wird ebenfalls aufgezeigt.

DK 678.766:537.311.33:537.312.5:537.572:539.194:541.148

Hörhold, Hans-Heinrich, und *Opfermann, Johannes*

Untersuchungen über Polyarylenvinylene.
8. Mitt.: Elektrische und photoelektrische Eigenschaften von Poly-p-diphenylenvinylenen

Faserforsch. u. Textiltechnik/Z. Polymerforch. **25** (1974) 3, S. 108—111. 3 Abb., 1 Tab., 9 Lit.

Es werden Dunkel- und Photoleitfähigkeit einer Reihe von Poly-p-diphenylen-vinylenen mit $l = 1, 2, 3, 4$ der allgemeinen Struktur

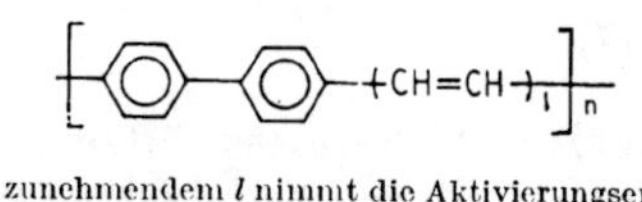

untersucht. Mit zunehmendem l nimmt die Aktivierungsenergie der Dunkelleitfähigkeit von 2,6 eV auf 2,0 eV ab. Aus der Übereinstimmung von optischen und thermischen Anregungsenergien kann der Schluß gezogen werden, daß die thermische Aktivierungsenergie die Abhängigkeit der Leitfähigkeit von der Konzentration der Ladungsträger beinhaltet.

DK 678.675'126—404.5:541.24.08:532.133:[541.125:547.024]:543.24

Reinisch, Gerhard

Zur $[\eta]$-M_n-Beziehung für Polycaprolactam in 95,6%iger Schwefelsäure

Faserforsch. u. Textiltechnik/Z. Polymerforsch. **25** (1974) 3, S. 111—114. 3 Tab., 16 Lit.

Durch Viskosimetrie und Endgruppenanalysen von schonend hergestelltem Polycaprolactam wurden K und α für Lösungen in 95,6%iger H_2SO_4 bei 20 °C bestimmt.

DK 677.494.675'126:677.017.85:677.017.635:677.017.56:677.017.84

Holy, Gerhard, und *Glöckner, Gottfried*

Über den Einfluß von Waschbehandlungen auf die Licht- und Wärmebeständigkeit von Polyamid-6-Seiden

Faserforsch. u. Textiltechnik/ Z. Polymerforsch. **25** (1974) 3, S. 115—120. 3 Abb., 2 Tab., 19 Lit.

Untersucht wurde der Einfluß von Waschbehandlungen mit verschiedenen Säuren und mit NaOH auf die Licht- und Wärmebeständigkeit, auf die Lösungsviskosität und die Aminoendgruppenkonzentration. Weiterhin wurde die Veränderung des Mangangehaltes lichtstabilisierter PA-S durch saure Waschbehandlungen ermittelt. Die Abhängigkeit des Lichtabbaues von der Konzentration der Säure in der Waschflotte wurde für die Behandlung mit Schwefelsäure und Oxalsäure untersucht.

DK 678.674:547.126p≧10:678.012:543.42.062

Bogatzki, Bernhard, und *Nittka, Barbara*

Neue Methoden zur UV-spektrophotometrischen Bestimmung des Gesamt- und Oberflächenoligomerengehaltes von Polyestermaterialien

Faserforsch. u. Textiltechnik/Z. Polymerforsch. **25** (1974) 3, S. 120—124. 1 Abb., 17 Lit.

Es werden UV-spektrophotometrische Methoden zur Erfassung des Gesamt- und Oberflächenoligomerengehaltes von verschiedenen Polyestermaterialien beschrieben. Bei diesen Methoden wird bewußt auf eine vorherige chromatographische Abtrennung von Begleitsubstanzen bzw. auf die chromatographische Isolierung bestimmter Oligomerer verzichtet. Die sich durch anwesende Präparationsmittel und/oder Farbstoffe ergebenden Störmöglichkeiten werden diskutiert. Es wird eine Gegenüberstellung der nach einer Extraktions- und Umfällvariante erhaltenen Werte des Gesamtoligomerengehaltes vorgenommen.

Kurze Mitteilungen

DK 677.494.675:539.2:539.32:677.017.427:677.019.252:677.861.523

Schultze-Gebhardt, Fritz

Zur Aussage des „statischen" E-Moduls synthetischer Fasern.

Faserforsch. u. Textiltechnik/Z. Polymerforsch. **25** (1974) 3, S. 125—127. 2 Abb., 1 Tab., 19 Lit.

Faserforschung und Textiltechnik 25 (1974) Heft 3
Zeitschrift für Polymerforschung

Zur diskontinuierlichen Röntgenkleinwinkelstreuung an Polymeren mit axialer oder uniplanar-axialer Textur

Teil II. Experimentelle Untersuchungen an Polyamid 6 [1])

Bernd J. Jungnickel, Michael Teichgräber und Christian Ruscher

Institut für Polymerenchemie der Akademie der Wissenschaften der DDR in Teltow-Seehof, Abt. Polymerphysik

DK 677.494.675'126:539.21:539.22:539.26:548.231.2

Auf der Grundlage der in Teil I dieser Arbeit angestellten Überlegungen wird ein Auswerteverfahren für die Röntgenkleinwinkelstreubilder einachsig orientierter Strukturen angegeben und auf unterschiedlich getemperte Polyamid-6-Fäden angewendet. Die experimentell gefundene Abhängigkeit der parakristallinen Störungen der Querstruktur und der Kristallitdimensionen von der Tempertemperatur lassen sich durch Ausheilen von Störstellen an der Lamellenoberfläche bei tiefen und partielles Schmelzen mit Rekristallisation bei hohen Temperaturen deuten. Beide Prozesse zusammen bewirken einen röntgenographisch verfolgbaren Übergang der ursprünglich fibrillaren Struktur in eine lamellare.

О дискретном рассеянии рентгеновских лучей под малым углом полимерами с осевой или униппланарно-осевой текстурой

Часть II. Экспериментальные исследования на полиамиде-6

На основе теоретических представлений, развитых в части I данной работы, приводится метод обработки данных о рассеянии рентгеновских лучей под малым углом образцами с одноосно ориентированной структурой, который использовался для исследования волокон из полиамида-6, подвергнутых отжигу в различных условиях. Экспериментально найденную зависимость паракристаллических дефектов поперечной структуры и размеров кристаллитов от температуры отжига можно объяснить залечиванием дефектов на поверхности ламел при низких температурах и частичным расплавлением с последующей рекристаллизацией при высоких. Оба процесса вместе приводят к переходу первоначальной фибриллярной структуры в ламеллярную, что можно проследить методом рентгенографии.

The Discontinuous Small Angle X-ray Scattering of Polymers with Axial or Uniplanar-Axial Texture

Part II. Experimental Investigations with Polyamide 6

Based on the concept described in part I an evaluation method has been developed for the small angle X-ray scattering pattern of uniaxial oriented structures and applied to polyamide 6 fibers having diffents degree of annealing. The dependence of paracrystalline distortions in the lateral structure and of the dimensions of crystallites on the annealing temperature, as found experimentally, can be explained by healing of the distortions on lamellar surfaces at low temperatures or partial melting and recrystallisation at high temperatures. These processes result in a transformation of the original fibrous to a lamellar structure which can be followed up by X-ray investigations.

1. *Einleitung*

Im Teil I [1] dieser Arbeit wurden einige Beziehungen abgeleitet, die eine quantitative Analyse des extrameridionalen Streuanteils der diskontinuierlichen Röntgenkleinwinkelstreuung (dKWS) nach anschaulichen, die übermolekulare Ordnung beschreibenden Parametern gestatten. Im vorliegenden zweiten Teil werden Verfahren für die Bestimmung dieser Parameter angegeben und auf die KWS-Bilder einer Reihe unterschiedlich getemperter Polycaproamidfäden angewendet. Dabei ist beabsichtigt, durch Interpretation der Ergebnisse im Rahmen der allgemeinen Vorstellungen von der Strukturumwandlung beim Tempern die Aussagekraft der gewählten Strukturparameter zu unterstreichen und damit einen Beitrag zur Stoffkenntnis des Polyamid 6 zu liefern.

2. *Auswertemethodik*

2.1. *Querstruktur-Analyse*

Das im folgenden beschriebene Verfahren für die Auswertung der dKWS-Bilder von orientierten Polymerstrukturen ist auf die Verhältnisse bei Polyamid 6 abgestimmt. Bei einer Anwendung auf andere Polymere ist in jedem Fall zu prüfen, inwieweit die Voraussetzungen, insbesondere für die Behandlung des Bausteinfaktors und des Gitterfaktors der Längsstruktur, im einzelnen zutreffen. Es wird von den Gleichungen (I: 2 bis 4), (I: 14) und (I: 17) ausgegangen[2]). Mit der Abkürzung

$$I_l = |\bar{f}_l|^2 \cdot Z_3 \qquad (1)$$

gilt:

$$\bar{I}(s) \sim I_l \cdot \bar{Z}_q \cdot \exp\left[-\frac{\pi^2}{4} B^2 s_r^2\right]. \qquad (2)$$

Weist der Zellkantenvektor $\bar{a}_3$ ($|\bar{a}_s| = P$, Langperiode) in die z-Richtung und unterliegt er keinen parakristallinen Schwankungen in Querrichtung (Bedingungen, die z. B. bei unbehandelten Polyäthylenterephthalatfäden nicht erfüllt sind [2]), so hängt $I_l(s)$ nicht von s_r ab. Weiterhin wird für große s_r das Intensitätsprofil nur noch durch den Bausteinfaktor bestimmt [1]. Daher laufen in der *Guinier*-Darstellung die parallel zum Äquator registrierten Intensitätskurven für große s_r als Geraden gleicher Neigung aus (Bild 1):

$$\ln \bar{I}\,|_{s_z=\text{const}} = -\frac{\pi^2}{4} B^2(s_r^2) + \ln \bar{Z}_q + \text{const.} \qquad (3)$$

[1]) Auszug aus der Dissertation von *Bernd J. Jungnickel*, Berlin 1973; Teil I siehe [1].

[2]) Römische Ziffern verweisen auf Gleichungsnumerierungen im Teil I. Desgleichen sei wegen der hier und im folgenden verwendeten Funktionen auf die im Teil I gegebenen Erklärungen verwiesen.

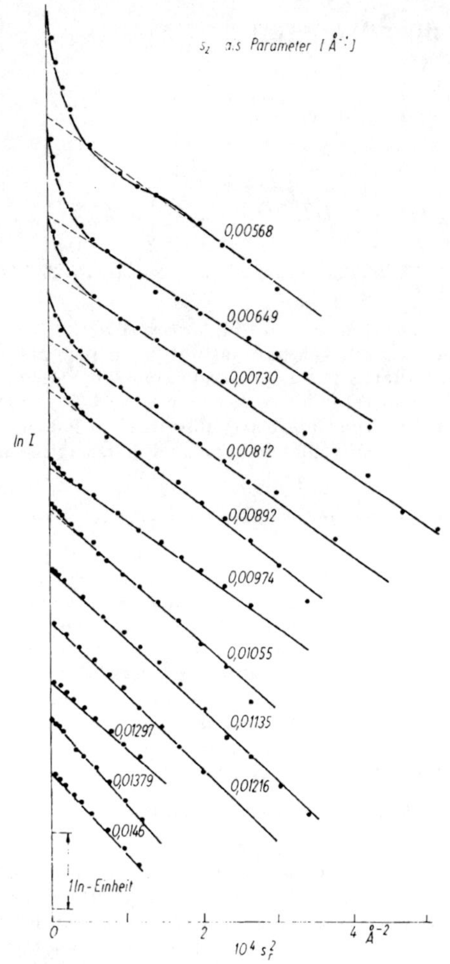

Bild 1. *Guinier*-Darstellungen zu Bild 3a; experimentelle Streufunktion parallel zum Äquator mit der Meridiankoordinate als Parameter

Aus dem Mittelwert $\bar{A}$ des Anstiegs der Geraden ermittelt man B zu

$$B = \frac{2}{\pi}\sqrt{\bar{A}}\,. \tag{4}$$

Je nachdem, welches Vorzeichen $\ln \bar{Z}_q$ für $s_r = 0$ hat, münden in der *Guinier*-Darstellung die Intensitätskurven *oberhalb* oder *unterhalb* der nach $s_r = 0$ extrapolierten Geraden (in Bild 1 punktiert) in den Meridian ein. Ein Wechsel der Kurvenkrümmung für kleine s_r tritt an der Stelle s_{z0} auf — dies ist besonders ausgeprägt bei Vier-Punkt-Diagrammen —, die durch $\ln \bar{Z}_q = 0$ und damit

$$\bar{Z}_q = 1 + 4e^{-\alpha}\cos\left(2\pi a_z s_{z0}\right) I_0(2\pi B s_r) = 1 \tag{5}$$

gegeben ist.

Hieraus folgt notwendig

$$\cos\left(2\pi a_z s_{z0}\right) = 0 \tag{6}$$

und damit

$$a_z = \frac{1}{4 s_{z0}}\,. \tag{7}$$

Für die Schwankungsgrößen Δ_r und Δ_z lassen sich ähnliche analytische oder graphische Bestimmungsmethoden nicht ohne weiteres angeben. Der Gitterfaktor Z_q wurde daher

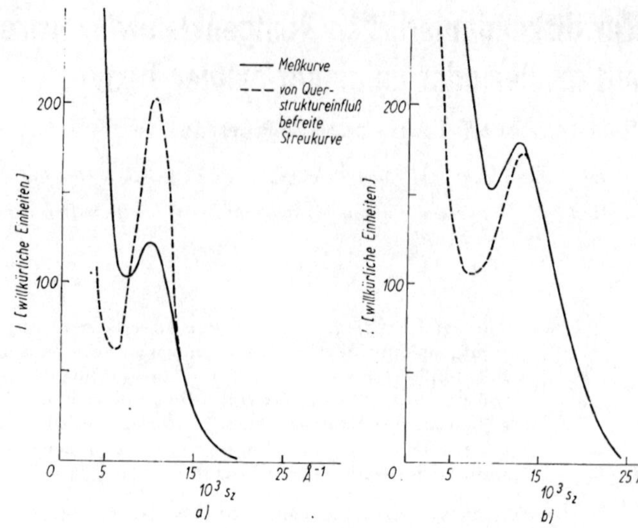

Bild 2. Korrektur der experimentellen Meridianstreukurve nach Gl. (8)

a) Bei einem Vier-Punkt-Diagramm (bei 148 °C im Vakuum bei festen Enden getemperte Polyäthylenterephthalatfäden)

b) Bei einem Schichtliniendiagramm (handelsübliche Polyamid-6-Seide; 3,64fach nachgereckt)

auf einer Datenverarbeitungsanlage mittels Ausgleichsrechnungen nach diesen beiden Größen ausgewertet. Man gewinnt ihn aus den graphischen Auftragungen von $\ln \bar{I}$ über s_r^2 nach Gleichung (3) als die Differenz zwischen der durch A bestimmten Geraden und der experimentellen Kurve. Es ist darauf zu achten, daß nur Werte aus dem Gültigkeitsbereich der abgeleiteten Beziehungen (siehe Abschnitt 4.1 im Teil I [1]) zur Auswertung herangezogen werden. Dies trifft empirisch für alle Punkte (s_r, s_z) zu, für die $\ln \bar{Z}_q \lesssim 1{,}4$ gilt, wie entsprechende Modellrechnungen gezeigt haben.

2.2. *Korrektur der Meridianstreukurve*

Da $\bar{Z}_q$ auch für $s_r = 0$ von s_z abhängt, wird die Intensitätsverteilung auf dem Meridian im allgemeinen von Längs- *und* Querstruktur beeinflußt. Der Einfluß der Querstruktur ist nur dann vernachlässigbar, wenn Δ_z genügend groß ist, d. h. bei fibrillarter Morphologie. Ist die Struktur lamellar und/oder das Streubild ein Vier-Punkt-Diagramm, kann jedoch mit Hilfe der Strukturparameter Δ_z und a_z nach Gleichung (1) und (2) über

$$I_l(s_z) = \frac{\bar{I}(s)\,|_{s_r=0}}{1 + 4\exp\left(-2\pi^2 \Delta_z^2 s_z^2\right)\cos\left(2\pi a_z s_z\right)} \tag{8}$$

eine vom Einfluß der Querstruktur befreite Meridianstreukurve berechnet werden, um die aus der Literatur bekannten Verfahren zur Auswertung der Meridianstreukurve [3 bis 8] auch in den zuletzt genannten Fällen anzuwenden. Die Modifizierung der Meridianstreukurve durch die Korrektur wird durch Bild 2 veranschaulicht.

3. *Präparation und Aufnahmetechnik*

Als Probenmaterial diente eine bei 270 °C schmelzgesponnene Polyamid-6-Faser mit einer mittleren rel. Molmasse von 16200 (entsprechend einer relativen Lösungsviskosität in 0,5%iger Schwefelsäure von $\eta_{\mathrm{rel}} = 1{,}603$) und einer Gesamtfeinheit von 8,2 tex bei einem Nachreckgrad von 3,37.

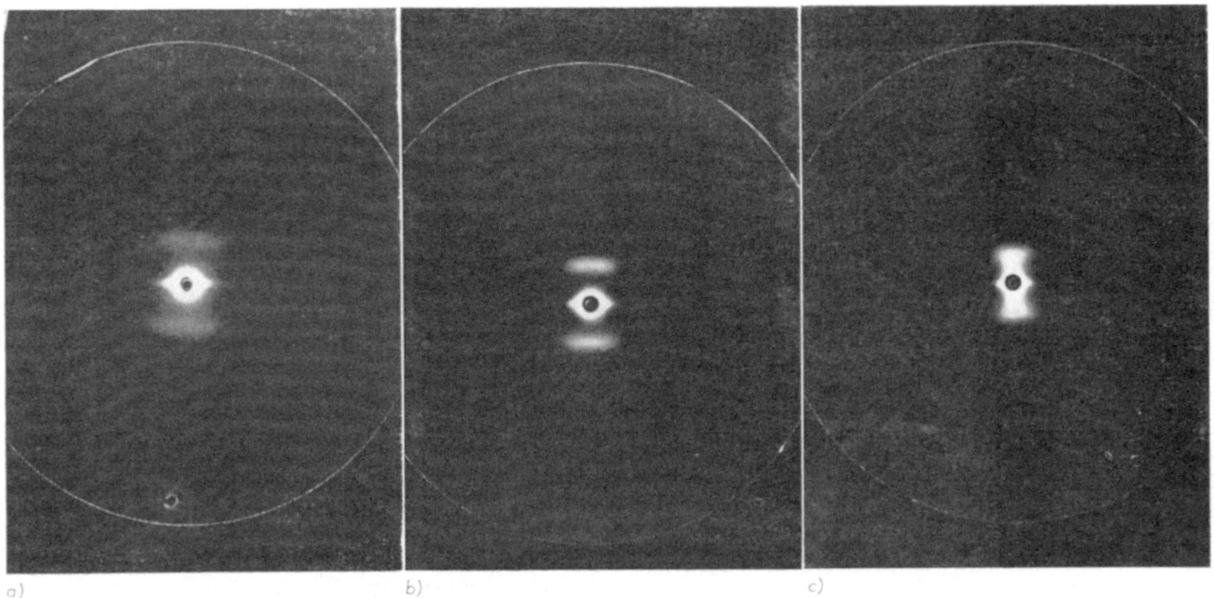

Bild 3. dKWS-Bilder der Proben für a) $T = 20\,°C$; b) $T = 158\,°C$; c) $T = 201\,°C$

Die Aufnahmen wurden in einer *Kießig*-Kamera (effektiver Blendendurchmesser 0,3 bzw. 0,5 mm, Cu-K_α-Strahlung mit $\lambda = 1{,}54$ Å und Nickelfilterung) gemacht. Der Abstand Präparat/Filmebene betrug 38,6 cm.

Die Temperung erfolgte mit fest eingespannten Präparatenden in einer speziellen Heizküvette, so daß eine Schrumpfung nicht möglich war. Es wurde jeweils so lange getempert, bis sich der der eingestellten Temperatur entsprechende Gleichgewichtsordnungszustand herausgebildet hatte. Die dafür notwendigen Zeiten liegen bei den hier gewählten Temperaturen zwischen minimal 10 s bei 140 °C und maximal 1 h bei 200 °C [9]. Anschließend wurden bei der Tempertemperatur die Streudiagramme aufgenommen (Bild 3). Die Belichtungszeiten lagen — je nach Temperatur — zwischen 50 und 10 h. Durch Evakuieren auf 0,5 Torr wurde ein oxydativer Abbau des Präparates bei der Temperung verhindert.

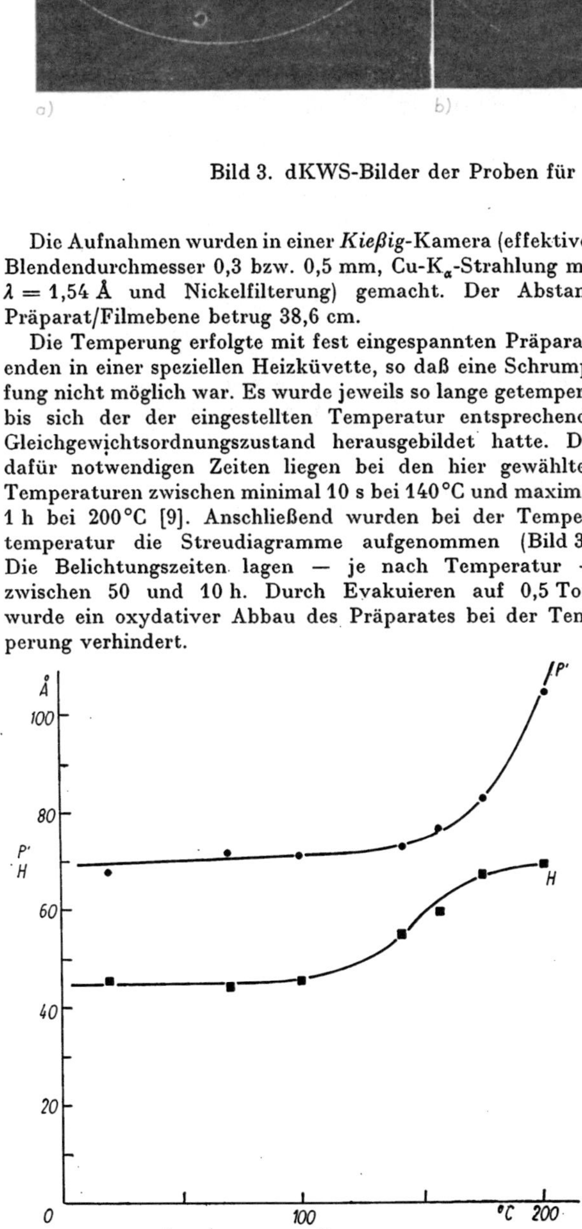

Bild 4. Scheinbare Langperiode P' und Lamellendicke H in Abhängigkeit von der Tempertemperatur

4. *Experimentelle Ergebnisse und Diskussion*

Bei den untersuchten Proben wurden ausschließlich Schichtliniendiagramme beobachtet. Die Auswertung auf der Basis des im Abschnitt 2 beschriebenen Verfahrens liefert die Größen a_z, B, H, Δ_r, Δ_z und P' (über Lage des Reflexionsmaximums berechnete Langperiode) in ihrer Abhängigkeit von der Tempertemperatur. Die Ergebnisse sind in den Bildern 4 und 5 dargestellt. Die die Lamellenneigung charakterisierende Größe a_z wird bei allen Temperaturen zu $a_z = 0$ bestimmt.

Der Verlauf der Funktionen läßt den Schluß zu, daß bei der durch das Tempern induzierten Strukturumwandlung zwei Vorgänge miteinander konkurrieren, von denen der eine zu einer Erhöhung von Δ_z und der Kristallitdimensionen führt, der andere zu einer starken Abnahme von Δ_z bei konstant bleibender Kristallitgröße. Während der erste Effekt bis etwa 160 °C vorherrscht, dominiert bei höheren Temperaturen der zweite.

Bei der Diskussion der Meßkurven ist davon auszugehen, daß die Richtung der Makromolekülketten,

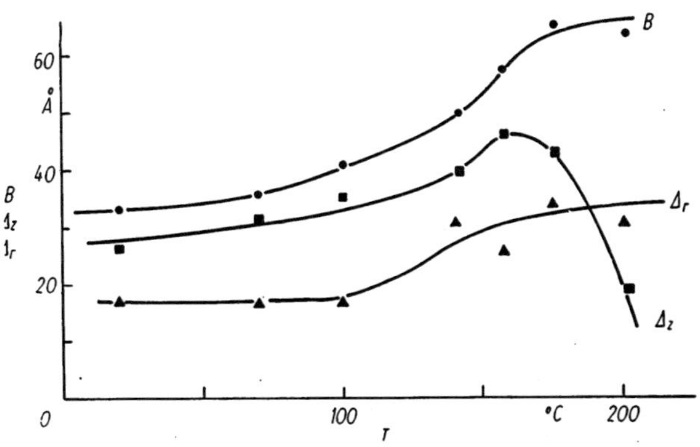

Bild 5. Parakristalline Störungen der Querstruktur Δ_z und Δ_r sowie Kristallitbreite B in Abhängigkeit von der Tempertemperatur.

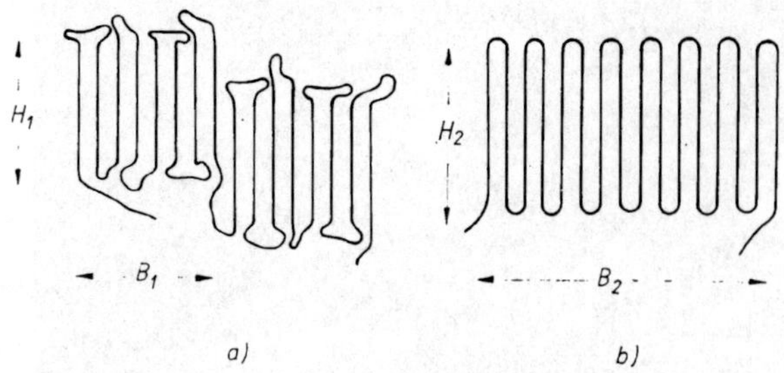

Bild 6. Veränderung der Kristallitstruktur und der Lamellenoberfläche beim Tempern (schematisch)

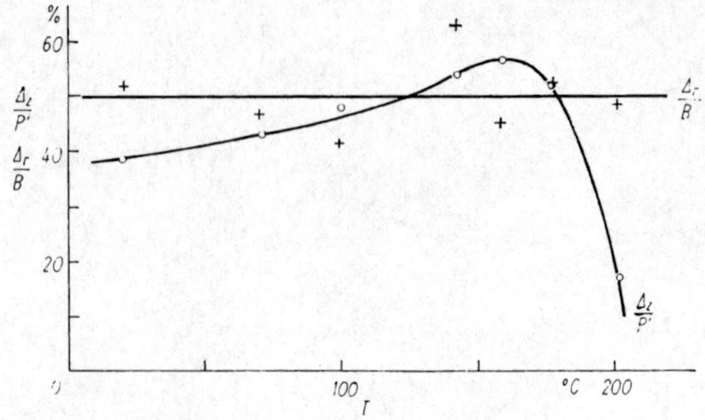

Bild 8. Relative parakristalline Störungen der Querstruktur Δ_r/B (++++) und Δ_z/P' (oooo)

die im Ausgangsmaterial weitgehend parallel zur Faserachse orientiert sind, sich beim Tempern nicht ändert [14 bis 16]. Die Änderungen der hier diskutierten Größen mit der Temperatur sind also sicher nicht auf größere Umordnungsvorgänge im Präparat zurückzuführen, zumal mit festen Präparatenden getempert wurde.

Unter der Voraussetzung, daß das im Teil I entwickelte Strukturmodell auf Polyamid 6 anwendbar ist, lassen sich die Meßergebnisse auf folgende Weise interpretieren. Durch das Ausheilen von Störstellen an der Lamellenoberfläche wird es möglich, daß sich benachbarte Mosaikblöcke zu größeren homogenen morphologischen Elementen zusammenschließen [10 bis 12] (Bild 6). Dadurch wird der röntgenographisch gemessene Mittelwert für die Kristallitabmessungen vergrößert. Dieser Prozeß betrifft insbesondere diejenigen seitlich benachbarten Mosaikblöcke, die in Richtung der Texturachse nur wenig gegeneinander verschoben sind (Bild 7a, 7b; Stelle A). Die Verteilungskurve, deren Breite durch Δ_z charakterisiert wird, wird in ihrem Zentrum flacher, während ihre Flanken unberührt bleiben (Bild 7e). Darauf läßt sich die experimentell beobachtete Zunahme von Δ_z zurückführen.

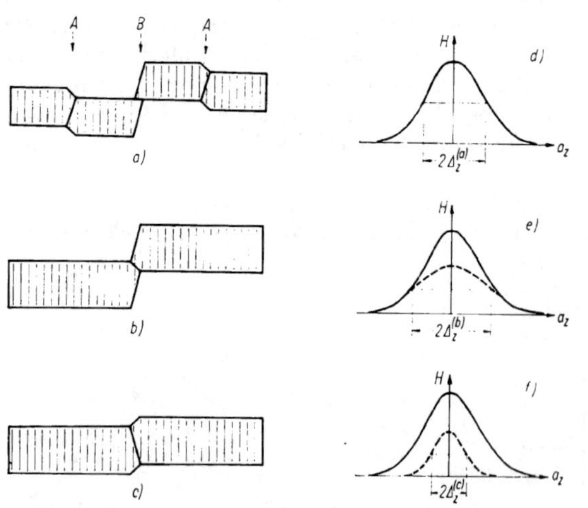

Bild 7. Lamellenstruktur und Verteilungskurve für a_z (schematisch)
links: Lamellenstruktur für a) $T = 20\,°C$, b) $T = 176\,°C$, c) $T = 201\,°C$;
rechts: Verteilungskurve für a_z bei d) $T = 20\,°C$, e) $T = 176\,°C$, f) $T = 201\,°C$

Bei Temperaturen über 160 °C tritt verstärkt partielles Schmelzen auf. Es greift bevorzugt an den Seitenflächen der Lamellenstücke an und ermöglicht so ein Abgleiten und Ausrichten dieser morphologischen Einheiten [13] (Bild 7b, 7c; Stelle B).

Die Breite der Mosaikblöcke ändert sich kaum, da in der neuen, thermodynamisch begünstigten Lage Rekristallisation möglich ist. Die Verteilungskurve für die longitudinale Verschiebung benachbarter Kristallite wird von ihren Flanken her abgebaut, was zu einer Reduzierung des Wertes für Δ_z führt (Bild 7f).

Da die Funktionen $B(T)$ und $\Delta_r(T)$ qualitativ den gleichen Verlauf haben, ist der Quotient Δ_r/B im gesamten Tempertemperaturbereich konstant und beträgt etwa 0,5 (Bild 8). Eine physikalische Begründung für diese Konstanz, insbesondere auch im Zusammenhang mit den zur Erklärung der anderen Funktionen herangezogenen Umwandlungsprozesse, konnte bisher nicht gefunden werden.

Die Temperaturabhängigkeit der Schwankungsgrößen $\Delta_z(T)$ und $\Delta_r(T)$ wurde in der Literatur bisher kaum diskutiert. Für B, die Breite der Bausteine, werden stark voneinander abweichende Zahlenwerte angegeben. *Juilfs* und *Berg* [7] bestimmen aus Röntgenweitwinkelmessungen (WWS) für das Ausgangsmaterial Werte um 40 Å, die sich — unter Berücksichtigung möglicher Vorbehandlungsunterschiede — mit den hier angegebenen decken. Dagegen erhielten *Arakawa* u. a. [12] für zwischen 150 und 200 °C getempertem Material Werte zwischen 84 Å und 175 Å. Die Unterschiede zu den hier angegebenen Zahlenwerten sind darauf zurückzuführen, daß bei WWS-Messungen nicht die Durchmesser der Mosaikbausteine, sondern die des gesamten Lamellenstückes erfaßt werden. Die Ergebnisse von WWS-Messungen und dKWS-Messungen sind also nur für fibrillares Material vergleichbar und aus den Abweichungen lassen sich ggf. Rückschlüsse auf die Natur der parakristallinen Störungen Δ_z und damit auf die Ausbildung der lamellaren Ordnung ziehen.

Zur Veranschaulichung der Umwandlungserscheinungen sind in Bild 9 zu den experimentell bestimmten Parametern P', H, a_z, Δ_z, B, Δ_r Schichtstrukturen für die Tempertemperaturen 20, 176 und 201 °C schematisch und maßstabsgetreu konstruiert worden. Der Wirklichkeitsnähe sind dabei insofern Grenzen gesetzt, als parakristalline Schwankungen der Langperiode Δ_3 ebenso wie mögliche morphologische Unterschiede

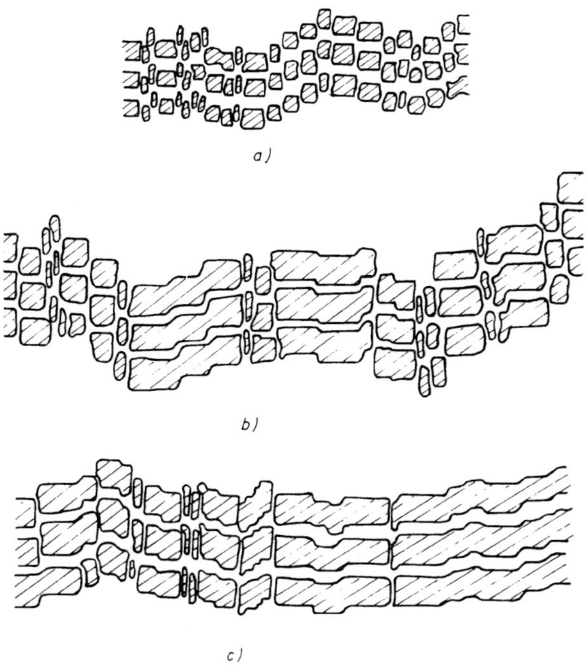

Bild 9. Lamellenstrukturen in Polyamid-6-Fasern bei verschiedenen Temperaturen (maßstabsgetreu im Rahmen des Strukturmodells aus Teil I; wegen der übrigen Voraussetzungen siehe Text) a) $T = 20\,°C$, b) $T = 176\,°C$, c) $T = 201\,°C$

übereinanderliegender Lamellen und unterschiedliche Lamellenlängen nicht berücksichtigt werden konnten. Man erkennt jedoch, daß — im Rahmen des Strukturmodells — die Ausgangsstruktur im Vergleich zu den übrigen einen im wesentlichen fibrillaren Charakter hat. Bei 176 °C dominieren lange Lamellenstücke mit weiträumigen statistischen Verschiebungen. Bei 201 °C schließlich besteht die Struktur aus weit ausgedehnten, nur noch schwach gestörten Lamellen.

Literatur

[1] *Jungnickel, B. J., Teichgräber, M.,* und *Ruscher, Ch.:* Zur diskontinuierlichen Röntgenkleinwinkelstreuung an Polymeren mit axialer oder uniplanar-axialer Textur. I. Theorie. Faserforsch. u. Textiltechnik **24** (1973) 10, S. 423—429.

[2] *Bonart, R.:* Zur Deutung der anormalen Kristallitorientierung in linear verstrecktem Polyäthylenterephthalat. Kolloid-Z./Z. Polymere **199** (1964) 2, S. 136—144.

[3] *Čvankin, D. Ja.:* Beugung an einem linearen System von Kristalliten. Langperioden in Polymeren. Teil I. Vysokomol. Soed. (Hochmol. Verbind.) **6** (1964) 11, S. 2078—2082.

[4] *Čvankin, D. Ja.:* Beugung an einem linearen System von Kristalliten. Langperioden in Polymeren. Teil II. Vysokomol. Soed. (Hochmol. Verbind.) **6** (1964) 11, S. 2083—2089.

[5] *Reinhold, Ch., Fischer, E. W.,* und *Peterlin, A.:* Evaluation of small-angle X-ray scattering of polymers. J. appl. Physics **35** (1964) 1, S. 71—74.

[6] *Vonk, C. G.,* und *Kortleve, G.:* X-ray small-angle scattering of bulk polyethylene. II. Analysis of scattering curve. Kolloid-Z./Z. Polymere **220** (1967) 1, S. 19 bis 24.

[7] *Perret, R.,* und *Ruland, W.:* Eine verbesserte Auswertemethode für die Röntgenkleinwinkelstreuung von Polymeren. Kolloid-Z./Z. Polymere **247** (1971) 1/2, S. 835—843.

[8] *Takahashi, K., Miyasaka, K.,* und *Ishikawa, K.:* Study on the small-angle X-ray diffraction of polymers. Makromol. Chemie **138** (1970) S. 37—48.

[9] *Turska, E.,* und *Gogolewski, S.:* Study on crystallisation of NYLON-6 (Polycaproamide). Part 1. Isothermal crystallisation. Polymer, London **12** (1971) 10, S. 616 bis 628.

[10] *Flory, P. I.:* On the morphology of the crystalline state in polymers. J. amer. chem. Soc. **84** (1962) 15, S. 2857—2867.

[11] *Geil, P. H.:* Polymer Single Crystals. New York: Interscience Publ., 1963.

[12] *Arakawa, T., Nagatoshi, F.,* und *Arai, N.:* Melting behaviour and morphology of drawn Nylon 6. J. Polymer Sci., A-2: Polymer Physics **7** (1969) 9, S. 1461 bis 1472.

[13] *Zachmann, H. G.:* Das Kristallisations- und Schmelzverhalten hochpolymerer Stoffe. Fortschr. Hochpolymeren-Forsch. **3** (1964) 4, S. 581—687.

[14] *Ishikawa, K., Miyasaka, K., Maeda, M.,* und *Yamada, M.:* Typical fiber structure. J. Polymer Sci., A-2: Polymer Physics **7** (1969) S. 1259—1274.

[15] *Dismore, P. F.,* und *Statton, W. O.:* Chain folding in oriented nylon-6.6-fibers. J. Polymer Sci., C: Polymer Symposia **13** (1966) S. 133—148.

[16] *Hearle, I. W. S.* und *Greer, R.:* On the form of Lamellar crystals in nylon fibres. J. Textile Inst. **61** (1970) 5, S. 240—244.

[17] *Juilfs, I.* und *Berg, H.:* Über einige Röntgen-Struktur-Untersuchungen an Polyamidfasern. Kolloid-Z./Z. Polymere **179** (1961) 1, S. 29—34.

Eingegangen am 21. November 1973

Einfluß des Reckens auf die Eigenschaften von Polyester- und Copolyesterfäden

Teil II: Die Veränderung der physikalisch-chemischen und textil-physikalischen Eigenschaften beim einstufigen Recken

Siegfried Hoffrichter

VEB Chemiefaserkombinat Schwarza „Wilhelm Pieck“, Rudolstadt-Schwarza

DK 677.494.674'524'420:677.021.125.3:677.014.87:677.017.2/.7:677.017.8

Beim einstufigen Recken von Polyester- und Copolyesterfäden bilden sich in Abhängigkeit von den einzelnen Reckparametern und der Temperaturführung beim Recken sehr unterschiedliche übermolekulare Strukturen in den gereckten Fäden aus. Die Veränderung in der teilkristallinen Struktur wird durch Anwendung physikalisch-chemischer Untersuchungsmethoden nachgewiesen, wobei zu bisher bekannten Zusammenhängen gewisse Abweichungen auftraten. Für die Größen Schrumpfkraft, Doppelbrechung, Dichte und Orientierungsfaktor wird eine phänomenologische Beziehung angegeben. Die Auswirkung der Reckparameter auf die wichtigsten textilen Parameter wird ebenfalls aufgezeigt.

Влияние процесса вытяжки на свойства волокон на основе полиэфира и сополиэфира

Част 2. Изменение физико-химических и физико-механических свойств волокон в процессе одностадийной вытяжки

В процессе одностадийной вытяжки волокон на основе полиэфира или сополиэфира в зависимости от отдельных параметров и температуры вытяжки в вытягиваемых волокнах образуются весьма различные надмолекулярные структуры. Изменения в частично кристаллической структуре обнаружены при применении физико-химических методов. При этом наблюдались определенные отклонения от уже известных зависимостей. Для некоторых показателей (натяжение при усадке, двойное лучепреломление, плотность и ориентация) приводится феноменологическая зависимость. Показывается также влияние параметров процесса вытяжки на основные текстильные показатели.

Effect of Drawing on the Properties of Polyester and Copolyester Filaments.

Part 2. Changes of Physicochemical and Textile Properties in One-step Drawing Process

In the one-step drawing process of polyester and copolyester filaments widely different supramolecular structures are formed, depending on the drawing parameter and temperature conditions. By determination of partially crystalline structures by physicochemical methods certain deviations were detected from the relationships known until now. A phenomenological relationship is established involving shrinking power, birefrigence, density and orientation factor. The effect of the drawing parameter on the most important textile properties is demonstrated.

1. Einleitung

Im ersten Teil der Arbeit [1] wurde über die Veränderung der Schrumpfeigenschaften, speziell des Schrumpfens und der Schrumpfkraft, von Polyester- und Copolyesterfäden beim einstufigen Heißreckprozeß im Temperaturbereich von 70 bis 130 °C berichtet. Aus diesen Untersuchungen ergab sich, daß die Schrumpfeigenschaften der Fäden außer von den einzelnen Reckparametern auch von der Temperaturführung beim Recken stark abhängen. Dieses Verhalten gibt dem Chemiefaserhersteller die Möglichkeit, Schrumpfvermögen und Schrumpfkraft von Polyester- und Copolyesterfäden entsprechend den Forderungen der Weiterverarbeiter bei der Fadenherstellung in gewissen Grenzen einzustellen. Ferner verändern sich in Abhängigkeit von der Recktemperatur und der Temperaturführung beim Recken auch andere Kenngrößen, die zur eindeutigen Charakterisierung der Fadeneigenschaften dienen. Ergänzend zum ersten Teil der Arbeit sollen deshalb zur Veränderung der physikalisch-chemischen und textilphysikalischen Eigenschaften der gereckten Fäden noch einige Untersuchungsergebnisse mitgeteilt werden.

2. Versuchsmaterial und Versuchsdurchführung

Für die Untersuchungen wurden die nach verschiedenen Technologien gereckten Polyester- und Copolyesterfäden verwendet, deren Herstellung und Reckung in [1] beschrieben ist. Als physikochemische Prüfmethoden wurden die Bestimmung der „kritischen Lösezeit“, Dichte, Doppelbrechung und Jodsorption herangezogen. Die kritischen Lösezeiten bestimmten wir in konzentrierter Schwefelsäure ($\gamma = 1{,}785$ g/cm^3) bei 20 °C, die Dichte nach der Schwebemethode (Temperaturvariante) mit Benzol/Tetrachlorkohlenstoff als Immersionsflüssigkeit und die Größe der Doppelbrechung mit dem Polarisationsmikroskop Polmi A (VEB Carl Zeiss Jena) für die Na-D-Linie. Die mechanischen Fadeneigenschaften wurden nach den TGL-Standardvorschriften geprüft.

3. Ergebnisse der Untersuchungen

3.1. Einfluß der Reckparameter auf die physikalisch-chemischen Kennwerte

Die gebräuchlichsten Labormethoden zur Bestimmung der Kristallinität von Polyesterfaserstoffen sind bekanntlich die Ermittlung der „kritischen Lösezeit“ oder „kritischen Lösetemperatur“ und der Dichte. Als makroskopische Methode wird die „kritische Lösezeit“ in Schwefelsäure oder Phenol schon seit vielen Jahren zur Ermittlung des Fixiergrades bzw. von Fixiergradunterschieden angewendet [2]. Bei konstanten Versuchsbedingungen, wie Temperatur und Belastung, soll die Quell- und Lösegeschwindigkeit des Fadens allein durch die Struktur, insbesondere durch die Faserkristallinität, bestimmt werden.

So wurde bereits gefunden, daß die „kritische Lösezeit“ in Phenollösung mit steigender Fixiertemperatur ständig, d. h. exponential zunimmt [3]. Um vergleichbare Werte an unterschiedlich behandelten Fäden zu erhalten, müssen aber die Faktoren der äußeren Aufmachung, wie Feinheit, Elementarfadenzahl und Drehung gleich sein, da die Meßwerte an Fäden von der Zugänglichkeit der Schwefelsäure zu den Elementarfäden beeinflußt werden.

Die Voraussetzung für einen Vergleich sind weitgehend erfüllt, wenn die Fäden gleichen Ausgangsmaterials bei konstantem Reckgrad, konstanter Reckgeschwindigkeit und gleicher Aufwindung hergestellt werden. Nach der molekülkinetischen Definition des Diffusionskoeffizienten D ist dieser proportional dem mittleren Verschiebungsquadrat X^2 des Sorbenden im Sorbens und umgekehrt proportional der zugehörigen Zeit t [4]:

$$D = \frac{X^2}{2 \cdot t}. \qquad (1)$$

In erster Näherung kann angenommen werden, daß der Bruch des Fadens eintritt, sobald die Schwefelsäurelösung den Faden durchdrungen hat und seine Festigkeit geringer wird als die Vorlast (0,1 p/tex). Für den Diffusionskoeffizient kann daher:

$$D = \frac{r_F^2}{2 \cdot KLZ} \qquad (2)$$

r_F = Fadenradius in µm,
KLZ = kritische Lösezeit in s

gesetzt werden.

Bei teilkristallinen Hochpolymeren ist die Größe des Diffusionskoeffizienten von der Feinstruktur abhängig. In Seiden ist jedoch der Fadenradius nicht genau definiert, so daß man nur einen scheinbaren Wert für den Diffusionskoeffizienten erhält. Um die wahren Diffusionskoeffizienten zu erhalten, müßten die Lösezeiten an den herauspräparierten Elementarfäden ermittelt werden. Dies wird jedoch in der Praxis der betrieblichen Kontrolle im allgemeinen nicht gemacht.

Der Einfluß der Recktemperatur und der Temperaturführung beim Recken auf die kritischen Lösezeiten und scheinbaren Diffusionskoeffizienten der Polyesterfäden in Schwefelsäure ist in Tabelle 1 zusammengestellt. Man erkennt, daß die Lösezeiten der gereckten Fäden mit der Recktemperatur infolge der

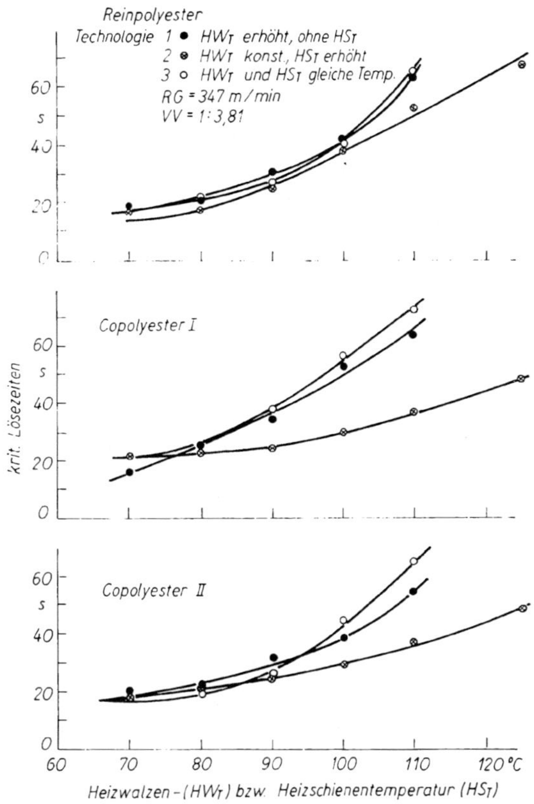

Bild 1. Einfluß der Recktemperatur auf die „kritische Lösezeit" der Polyester- und Copolyesterfäden

eingetretenen Kristallisation beim Recken stark zunehmen, die Diffusionskoeffizienten nehmen deutlich ab. Jedoch üben die Heizwalzen- bzw. Heizschienentemperatur wieder einen stark unterschiedlichen Einfluß auf die Lösezeiten der Fäden aus, was besonders bei den Copolyesterfäden zum Ausdruck kommt (Bild 1). Über-

Tabelle 1. Veränderung der kritischen Lösezeiten und scheinbaren Diffusionskoeffizienten von Polyesterfäden in Schwefelsäure

Recktemperatur		Feinheit	kritische Lösezeit	scheinbarer Diffusionskoeffizient D cm²/s	
HW_T °C	HS_T °C	tex (30)	s	bezogen auf Elementarfadenradius	bezogen auf Gesamtfadenradius (kompakte Masse)
70	—	9,18	18,6	$1{,}92 \cdot 10^{-8}$	$57{,}54 \cdot 10^{-8}$
80	—	9,16	20,7	1,72	51,60
90	—	9,19	30,7	1,16	34,91
100	—	9,19	41,1	0,87	26,08
110	—	9,19	63,5	0,56	16,86
70	70	9,18	17,3	2,07	62,04
70	80	9,16	17,2	2,07	62,17
70	90	9,13	24,8	1,43	42,88
70	100	9,14	38,4	0,92	27,67
70	110	9,13	52,8	0,69	20,93
70	125	9,11	67,9	0,52	15,53
80	80	9,19	21,6	1,65	49,61
90	90	9,21	26,6	1,35	40,36
100	100	9,21	41,0	0,87	26,19
110	110	9,17	65,4	0,54	16,29

RG = 347 m/min VV = 1:3,81

raschend ist dabei die Tatsache, daß die Lösezeiten mit der Heizwalzentemperatur ab 90 °C schneller ansteigen als mit der Heizschienentemperatur. Auf Grund der stärkeren Schrumpfabnahme mit der Heizschienentemperatur war jedoch ein umgekehrtes Verhalten zu erwarten.

Die Ergebnisse der Messung der „kritischen Lösezeit" stehen auch im Widerspruch zu den ermittelten Dichtewerten an den Polyesterfäden. *Howing* [5] gibt die Dichte eines 100%igen kristallinen Polyestermaterials mit $\varrho_k = 1{,}455$ g/cm³ und einer 100%igen amorphen Substanz mit $\varrho_a = 1{,}335$ g/cm³ an. Durch lineare Interpolation zwischen den beiden Grenzwerten kann die Kristallinität eines gegebenen Materials ermittelt werden. Für die mit unterschiedlichen Recktemperaturen und -verhältnissen gereckten Polyesterfäden wurden Dichtewerte im Bereich von 1,347 bis 1,375 g/cm³ ermittelt, was einen Kristallinitätsgrad von etwa 11 bis 36% entspricht. Aus Bild 2 ist zu erkennen, daß die Heizwalzentemperatur im Bereich von 70 bis 110 °C nur einen geringen Einfluß auf die Faserdichte ausübt. Dies steht in guter Übereinstimmung mit Messungen von *Geller* u. Mitarb. [6] an LAVSAN-Monofilfäden. Durch die gemessene Dichte wird jedoch nur die Gesamtkristallinität charakterisiert, sie gestattet keine Aussage hinsichtlich der Kristallitgröße und Kristallinitätsverteilung über den Fadenquerschnitt. Der Anstieg der „kritischen Lösezeit" mit der Heizwalzentemperatur trotz niedriger Dichtewerte läßt sich daher nur so erklären, daß bei der thermischen Behandlung des noch ungereckten Polyesterfadens auf der Heizwalze ein erster Kristallisationsvorgang bereits in der Elementarfadenrandzone einsetzt. Auf diese Weise entsteht eine kristallinere Mantelstruktur im Vergleich zum Fadenkern noch vor Einlauf des Fadens ins Reckfeld. Durch die nachfolgende spannungsinduzierte Kristallisation beim Recken, für die nur das eigene Reckwärmeaufkommen im Faden zur Verfügung steht, könnte dann die Kristallisation bzw. Kristallitvergütung besonders in der Mantelzone weiter voranschreiten, während die Kristallinität im Fadenkern nur merklich ansteigt. Der Lösevorgang von Polyesterfäden mit radial differenzierten Strukturbereichen wird aber von der Solvatbildung und dem Gitterzerfall der äußeren Mantelschicht bestimmt, die zunächst angequollen und abgelöst werden muß, ehe der Lösevorgang ins Fadeninnere fortschreiten kann [7].

Bei konstanter Heizwalzentemperatur von 70 °C erfolgt nur eine schwache Wärmebehandlung des ungereckten Fadens vor Einlauf ins Reckfeld, die für eine Vorkristallisation nicht ausreichend erscheint. Die starke Wärmezufuhr im Reckfeld mittels der Heizschiene fördert dagegen die spannungsinduzierte Kristallisation über den gesamten Fadenquerschnitt, so daß ein Faden mit einer höheren Gesamtkristallinität und einer gleichmäßigen Kristallitstruktur über den Querschnitt entstehen dürfte, die ein schnelleres Eindiffundieren des Lösungsmittels in alle Bereiche des Strukturgefüges ermöglicht. Der Anstieg der Fadendichte mit der Heizschienentemperatur ist im untersuchten Temperaturbereich von 70 bis 130 °C annähernd geradlinig, woraus sich für die Regressionsgerade folgende Beziehung aufstellen läßt:

$$\varrho = 2{,}39 \cdot 10^{-4} \cdot HS_T + 1{,}3455, \qquad (3)$$

ϱ = Dichte in g/cm³,

HS_T = Heizschienentemperatur in °C,

Bestimmkeitsmaß $B = 0{,}94$.

Aus den Untersuchungsergebnissen über den Einfluß der Heizwalzen- und Heizschienentemperatur auf die „kritische Lösezeit" und Dichte von Polyesterfäden wird damit deutlich, daß aus dem Anstieg der Lösezeiten, entgegen der bisherigen Annahme, nicht immer auf eine höhere Gesamtkristallinität des untersuchten Materials geschlossen werden kann. Für die Beziehung „kritische Lösezeit"/Dichte erhält man je nach der Temperaturführung bei der Reckung deutlich getrennte Kurvenzüge (Bild 3).

Die Veränderung der Dichte von Polyesterfäden in Abhängigkeit vom Reckgrad bei konstanter Recktemperatur und -geschwindigkeit zeigt einen deutlichen Anstieg hauptsächlich im mittleren Reckbereich, wo andererseits das Schrumpfvermögen mit dem Reckgrad stark abfällt. Dieser Zusammenhang ist aus der Literatur [3, 8, 9] weitgehend bekannt und soll deshalb nicht näher diskutiert werden.

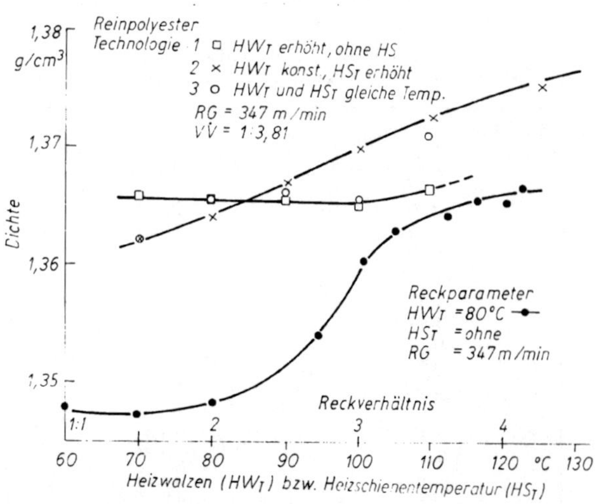

Bild 2. Änderung der Dichte von Polyesterfäden in Abhängigkeit von der Temperaturführung beim Recken

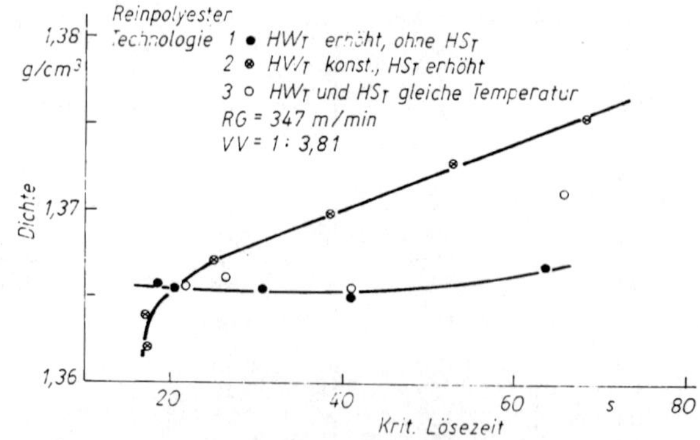

Bild 3. Zusammenhang von „kritischer Lösezeit" und Dichte für Polyesterfäden

Zur Bestimmung der Orientierung der Makromoleküle in Faserlängsrichtung werden bei Polyesterfaserstoffen vor allem die Röntgenfeinstrukturanalyse und die IR-Spektroskopie herangezogen. Bei teilkristallinem Fasermaterial erlaubt die Röntgenmethode neben der mittleren Orientierung auch die Orientierungsverteilung festzustellen, doch ist die genaue quantitative Auswertung der Meßergebnisse sehr aufwendig.

Novak, *Sučkov* und *Zosin* [10] haben mit Hilfe von Messungen des IR-Dichroismus und auf röntgenographischem Wege gefunden, daß bei gleicher Dehnung der Orientierungsgrad $\overline{\cos^2 \Theta}$ der in den kristallinen Bereichen befindlichen PÄT-Moleküle bedeutend größer ist als für die Makromoleküle in den amorphen Bereichen. Danach sollen die Kristallite bereits bei 3,5facher Reckung praktisch vollkommen orientiert sein ($\overline{\cos^2 \Theta} \approx 1$), wogegen die Molekülketten in den amorphen Bereichen noch sehr unvollständig orientiert sind ($\overline{\cos^2 \Theta} \approx 0{,}5$).

Zur schnellen Erfassung des mittleren Orientierungsgrades in PÄT hat sich in der betrieblichen Praxis die Doppelbrechungsmessung bewährt. Der gemessene Doppelbrechungswert Δn setzt sich additiv aus dem Orientierungsanteil der kristallinen und der amorphen Bereiche zusammen:

$$\Delta n = \delta_k \cdot f_k \cdot \Delta n_k + \delta_a \cdot f_a \cdot \Delta n_a, \qquad (4)$$

δ_a, δ_k = Volumenanteil der amorphen bzw. kristallinen Bereiche,
f_a, f_k = Orientierungsfaktor der amorphen bzw. kristallinen Bereiche,
$\Delta n_a, \Delta n_k$ = Doppelbrechung der 100%ig amorphen bzw. 100%ig kristallinen Bereiche; für Polyester 0,25 bzw. 0,27.

Durch Umstellung der Beziehung ergibt sich für den Orientierungsfaktor f_a der amorphen Phase:

$$f_a = \frac{\Delta n - \delta_k \cdot f_k \cdot \Delta n_k}{\delta_a \cdot \Delta n_a} \qquad (5)$$

$$f_a = \frac{\dfrac{\Delta n}{\Delta n_a} - \delta_k \cdot f_k \cdot \dfrac{\Delta n_k}{\Delta n_a}}{\delta_a}. \qquad (6)$$

Für den amorphen Volumenanteil δ_a läßt sich $1 - \delta_k$ einsetzen, wobei δ_k durch die Messung der Dichte gegeben ist.

$$\delta_k = \frac{\varrho_k - \varrho_a}{\varrho - \varrho_a}; \qquad (7)$$

ϱ = gemessene Dichte der Probe in g/cm^3,
ϱ_a = Dichte des 100%igen amorphen PÄT (= 1,335 g/cm^3),
ϱ_k = Dichte des 100%ig kristallinen PÄT (= 1,455 g/cm^3).

Damit ergibt sich

$$f_a = \frac{\dfrac{\Delta n}{\Delta n_a} - \delta_k \cdot f_k \cdot \dfrac{\Delta n_k}{\Delta n_a}}{1 - \delta_k}. \qquad (8)$$

Unter der Annahme, daß die Fadenschrumpfkraft direkt proportional dem Volumenanteil der amorphen Phase, dem Orientierungsfaktor f_a der Molekülketten in den amorphen Bereichen und einer Modulgröße E ist, die die Verspannung der orientierten Molekülketten charakterisiert, läßt sich zwischen der Schrumpfkraft K_s, Dichte ϱ und Doppelbrechung Δn nachfolgende theoretische Beziehung aufstellen:

$$K_s = E \cdot \delta_a \cdot f_a, \qquad (9)$$

$$= E \cdot \left(\frac{\Delta n}{\Delta n_a} - \delta_k \cdot f_k \cdot \frac{\Delta n_k}{\Delta n_a}\right), \qquad (10)$$

$$K_s = E \cdot \left(\frac{\Delta n}{\Delta n_a} - \frac{\varrho - \varrho_a}{\varrho_k - \varrho_a} \cdot f_k \cdot \frac{\Delta n_k}{\Delta n_a}\right). \qquad (11)$$

Setzt man für $\varrho_a, \varrho_k, \Delta n_a$ und Δn_k die entsprechenden Werte ein, so erhält man den Ausdruck

$$K_s = E \cdot \left[\frac{\Delta n}{0{,}25} - 1{,}08 \cdot f_k \left(\frac{\varrho - 1{,}335}{0{,}12}\right)\right]. \qquad (12)$$

Ein vollständig unorientiertes amorphes bzw. beliebig orientiertes kristallines Material besitzt nach dieser Beziehung keine Schrumpfkraft, was sich zumindestens für amorphe Polyesterfäden experimentell beweisen läßt. Die unbekannte Modulgröße E haben wir durch Umstellung der Beziehung (Gl. 12) und unter Verwendung der von *Novak* [10] ermittelten Orientierungswerte in den kristallinen Bereichen für Polyesterfäden unterschiedlichen Reckgrades errechnet. An den Proben wurden vorher Schrumpfkraft, Dichte und Doppelbrechung gemessen und die Orientierungswerte $\overline{\cos^2 \Theta}$ mit Hilfe der Beziehung

$$f = 1 - \frac{3}{2}\,\overline{\sin^2 \Theta} = \frac{1}{2} \cdot (3\,\overline{\cos^2 \Theta} - 1) \qquad (13)$$

in den Orientierungsfaktor f umgerechnet (Tabelle 2). Erwartungsgemäß ist die Größe E, die die Dimension einer Spannung hat, stark reckgradabhängig und erreicht bei einem Reckgrad der Proben von 1:4 etwa 12 kp/mm^2. Betrachtungen zur Wirkungsweise entropieelastischer Kräfte in teilkristallinen Hochpolymeren lassen die Vermutung zu, daß die Modulgröße E mit dem Entkräuselungsmodul E_E bei Zugbeanspruchung identisch sein müßte. Diese Größe läßt sich aus dem Kraft/Dehnungs-Verlauf von geschrumpften Fäden, speziell aus dem Anstieg der K/D-Linie nach Überschreiten des Anfangsbereiches ermitteln. Zu diesem Zweck wurde eine Reihe von Polyesterfäden mit unterschiedlichen Schrumpfeigenschaften in heißem Wasser (15 min bei 95 °C) ausgeschrumpft und nach der Klimatisierung der Proben deren K/D-Linie aufgenommen. Die daraus bestimmten Werte für den Entknäuelungsmodul E_E sind in Tabelle 3 zusammengestellt und zeigen eine gute Übereinstimmung zu den rechnerisch ermittelten Modulwerten.

Im Bild 4 ist der Verlauf der gemessenen Doppelbrechung in Abhängigkeit vom Reckgrad dargestellt. Polyester- und Copolyesterfäden weisen etwa gleiche Kurvenverläufe auf, die lediglich durch eine gewisse Parallelverschiebung differenziert sind. In guter Über-

Tabelle 2. Kennwerte von Polyesterfäden mit unterschiedlichem Reckgrad

Reckgrad	Doppelbrechung $\Delta n \cdot 10^{-3}$	Dichte g/cm³	Schrumpfkraft gemessen p/tex	Orientierungsgrad $\cos^2 \Theta$ [10]	Orientierungsfaktor f_K	Modulgröße E, errechnet kp/mm²
1:1,48	24,1	1,3471	0	0,38	0,07	0
2	60,7	1,3479	0	0,43	0,14	0
2,51	120,4	1,3541	0,1	0,49	0,23	0,31
2,72	138,6	1,3538	0,25	0,51	0,26	0,66
3,03	148,4	1,3602	0,85	0,62	0,43	2,33
3,27	168	1,3627	1,51	0,78	0,67	4,07
3,61	194,2	1,3642	2,70	0,96	0,94	6,95
3,81	192	1,3655	3,90	0,99	0,98	10,67
4,03	207,7	1,3652	4,72	1,0	1,0	11,51
4,13	206,8	1,3666	4,89	1,0	1,0	12,31

Tabelle 3. Experimentell und rechnerisch ermittelte Werte für die Schrumpfkraft und den Entkräuselungsmodul von Polyesterfäden

Feinheit	Reckgrad	Schrumpfkraft in p/tex gemessen	Schrumpfkraft in p/tex errechnet	Dichte g/cm³	Doppelbrechung Δn	Kochschrumpf %	Entkräuselungsmodul E_E (kp/mm²) ermittelt aus K/D-Verl. der geschrumpften Proben	Entkräuselungsmodul E_E (kp/mm²) errechnet
5 tex (18)	1:3,43	2,77	2,24	1,3674 ± 0,0004	0,1975 ± 0,0104	21,21	5,74	7,10
	1:3,44	4,03	4,42	1,3734 ± 0,0007	0,1999 ± 0,0056	15,12	12,27	11,17
7,6 tex (24)	1:3,76	5,09	5,16	1,3761 ± 0,0001	0,2093 ± 0,0048	12,32	14,87	14,66
	1:3,76	4,73	5,89	1,3771 ± 0,0001	0,2114 ± 0,0091	12,42	16,95	13,62
15 tex (48)	1:3,75	2,54	2,66	1,3676 ± 0,0001	0,2036 ± 0,0078	18,26	6,96	6,56
	1:3,76	3,32	4,51	1,3742 ± 0,002	0,2038 ± 0,0035	12,25	11,63	8,56
	1:3,76	4,60	5,51	1,3743 ± 0,001	0,2065 ± 0,0031	11,39	15,74	13,08
	1:3,76	4,74	5,05	1,3759 ± 0,002	0,2078 ± 0,0029	14,27	14,65	13,76

Anmerkung: für Reckgrad 1:3,44 $f_K = 0,88$
für Reckgrad 1:3,76 $f_K = 0,97$

einstimmung zum Schrumpfkraftverlauf [1] steht wiederum die Tatsache, daß Copolyesterfäden gegenüber Reinpolyesterfäden gleiche Doppelbrechungswerte erst bei einem etwas höheren Reckgrad erreichen.

Die Bestimmung der Jodsorption ist zur Ermittlung des nichtkristallinen Anteils und dessen Orientierung im Polyesterfaserstoff gut geeignet [3, 11] und gestattet daher gewisse Aussagen über die Zugänglichkeit für

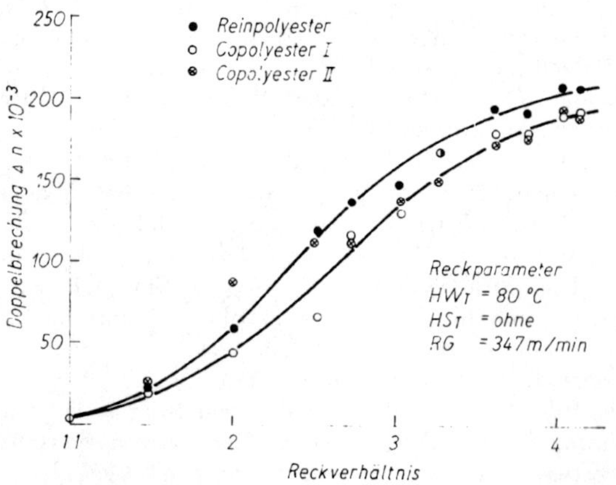

Bild 4. Änderung der Doppelbrechung von Polyester- u. Copolyesterfäden mit dem Reckgrad

Fremdmoleküle, was insbesondere für nachfolgende Veredlungsprozesse (Färben, Ausrüsten) von Bedeutung ist. Es besteht jedoch kein linearer Zusammenhang zwischen der sorbierten Jodmenge und der Faserstruktur, da die Jodsorption mit dem amorphen Anteil zunimmt, andererseits wird aber bei höherer Orientierung die Sorption in diese Bereiche erschwert. In Abhängigkeit von der Reckung tritt für Polyester- und Copolyesterfäden deshalb oberhalb des Reckgrades von 1:2 ein ständiger Abfall der Jodsorptionswerte mit zunehmender Reckung ein (Bild 5). Bei den Copolyesterfäden liegen die Jodsorptionswerte im Maximum gegenüber den Polyesterfäden um etwa 30 mg J/g Faser höher und der Abfall der Werte bis zu einem Reckgrad von 1:4 beträgt nur 40 mg J/g Faser. Für Polyesterfäden ist ein Rückgang in der Jodsorption, bezogen auf das Maximum, von etwa 90 mg J/g Faser zu verzeichnen. Eindeutige Beziehungen zwischen der sorbierten Jodmenge und dem Schrumpfvermögen bzw. der Schrumpfkraft sind theoretisch ebenfalls nicht zu erwarten. In Bild 6 wurden für Polyesterfäden die Jodsorptionswerte einer Reckreihe und die dazugehörigen Kochschrumpf- und Schrumpfkraftwerte der Seiden gegeneinander aufgetragen. Es zeigt sich, daß jeweils zwei Jodsorptionsbereiche mit einer annähernd linearen Korrelation auftreten, deren scharfe Übergänge im Jodsorptionsbereich von 120 bis 130 mg J/g Faser eng beieinander-

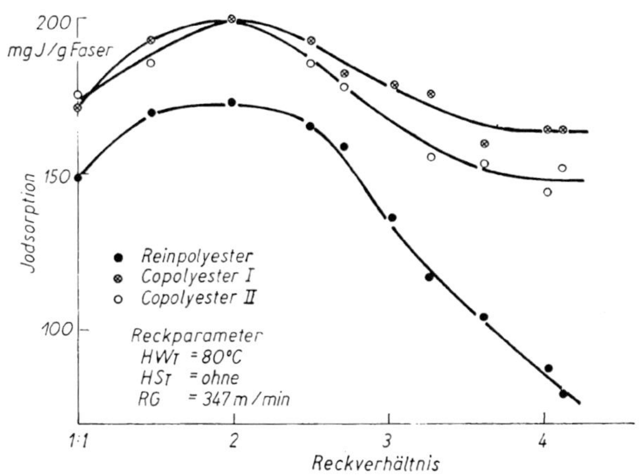

Bild 5. Jodsorption von Polyester- u. Copolyesterfäden in Abhängigkeit vom Reckgrad

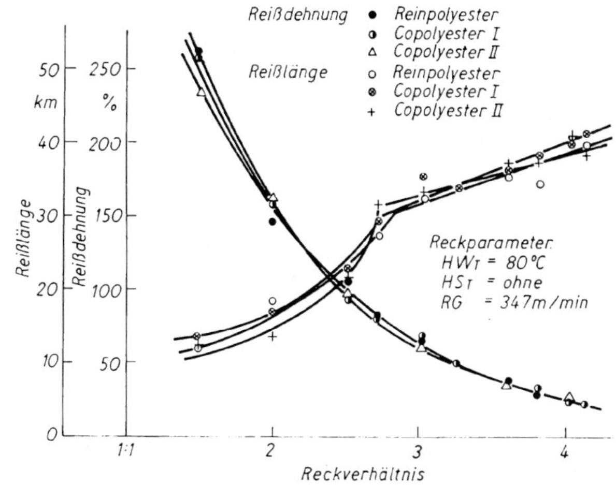

Bild 7. Änderung der Reißlänge und Reißdehnung von Polyester- und Copolyesterfäden mit dem Reckgrad

liegen. Dieser Jodsorptionswert entspricht unter den angegebenen Reckbedingungen einem Reckgrad von etwa 1:3, bei dem sich auch andere Eigenschaften der Polyesterfäden sprunghaft ändern.

3.2. *Einfluß der Reckparameter auf die textilphysikalischen Eigenschaften*

Die Veränderung der textilphysikalischen Eigenschaften von amorphen Polyesterfäden beim Recken ist allgemein bekannt und trifft auch für Copolyesterfäden zu. Dabei nimmt die Reißdehnung der Fäden ab, die Festigkeitswerte der Polyester- und Copolyesterfäden steigen dagegen mit dem Reckgrad an, doch ist entgegen bisherigen Ergebnissen in der Literatur [8] der Anstieg nicht stetig, sondern durch eine Sprungstelle bei einem Reckgrad von etwa 1:2,8 gekennzeichnet (Bild 7). Von diesem Reckgrad an verläuft die Festigkeitszunahme nicht mehr exponential, sondern schwach geradlinig. Nach Untersuchungen von *Aleksandrijskij* und *Petuchov* [12] wird die geradlinige

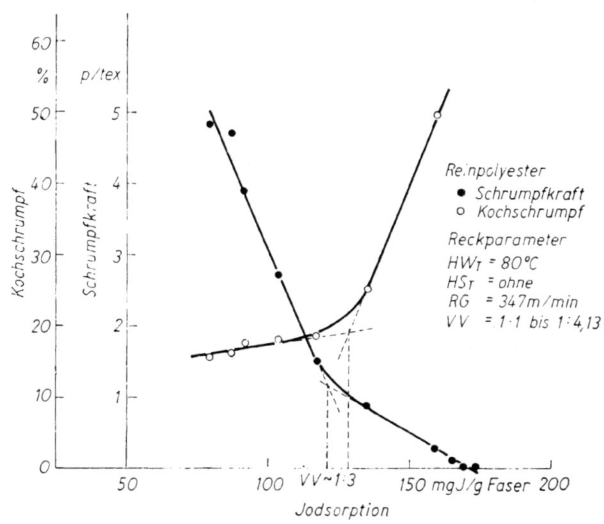

Bild 6. Zusammenhang zwischen Jodsorption und Schrumpfvermögen bzw. Schrumpfkraft für Polyesterfäden

Zunahme der Festigkeitswerte von Polyesterfäden mit der Reckung auch bei sehr hohen Reckverhältnissen ($VV > 5$) beibehalten. Die verminderte Festigkeitszunahme der Fäden vom Reckverhältnis 1:2,8 an scheint jedoch auch eine Besonderheit der Reckung von Polyesterfäden mit einer heizbaren Lieferwalze, aber ohne zusätzliche Wärmezufuhr im Reckfeld zu sein. Die Darstellung der Reißkraftwerte der Polyester- und Copolyesterfäden in Abhängigkeit von der Temperaturführung beim Recken im Bild 8 weist nach,

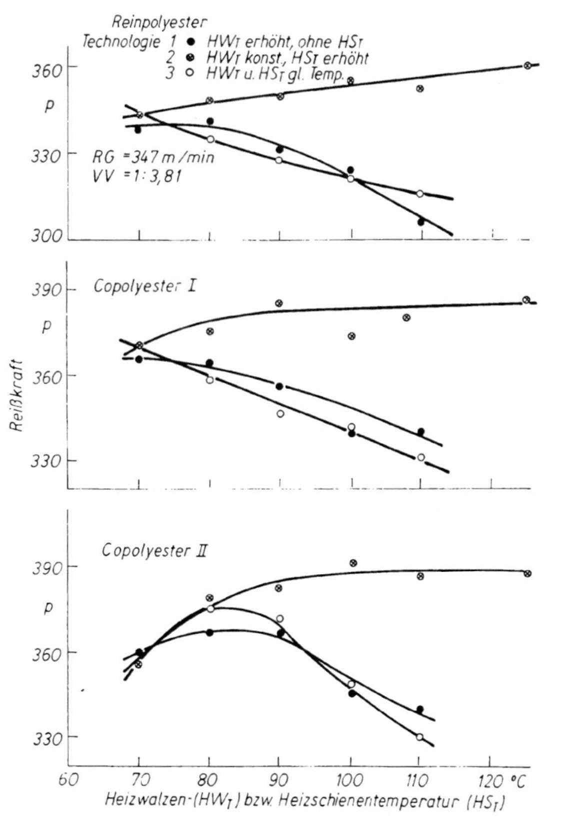

Bild 8. Einfluß der Recktemperatur auf die Reißkraft der Fäden

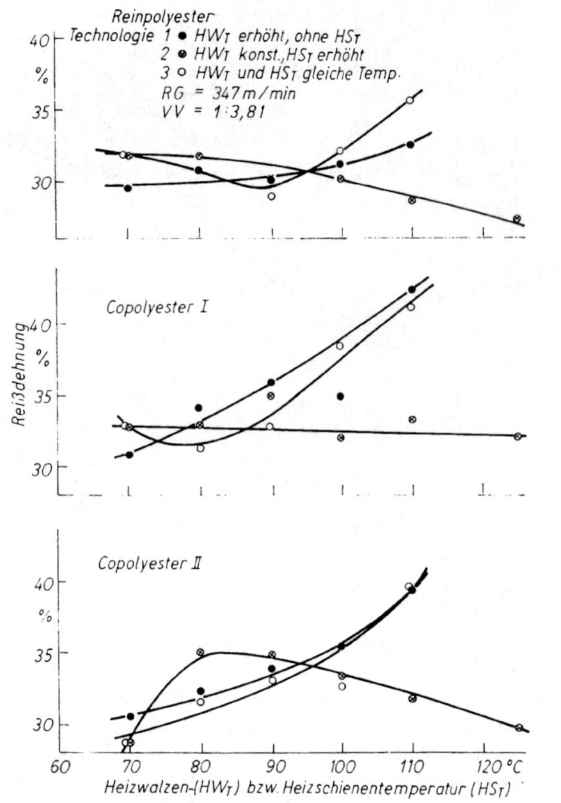

Bild 9. Einfluß der Recktemperatur auf die Reißdehnung der Fäden

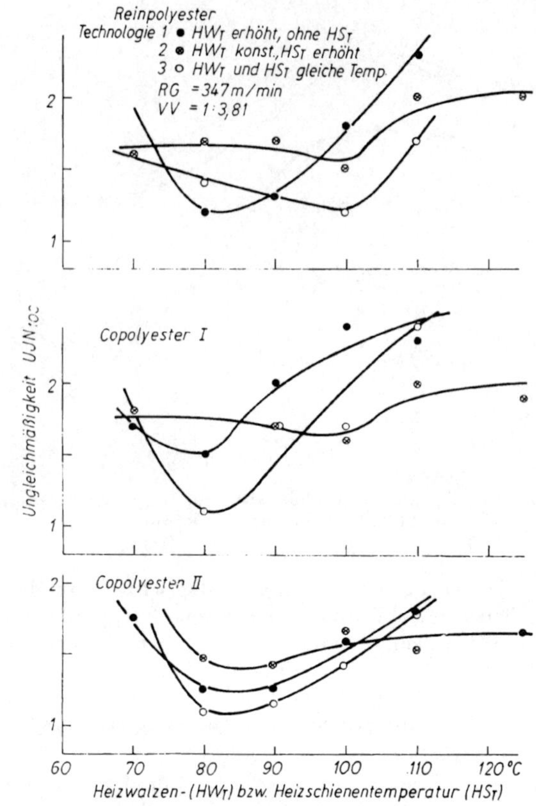

Bild 10. Ustergleichmäßigkeit der gereckten Fäden in Abhängigkeit von der Recktemperatur

daß sich die Fadenreißkraft mit der Heizwalzentemperatur bis 80 °C nicht oder nur unmerklich erhöht. Bei weiterer Steigerung der Heizwalzentemperatur nehmen die Reißkraftwerte bei allen Versuchen deutlich ab, wobei der Abfall der Werte beim mit Isophthalsäure modifizierten Polyester am stärksten ausgeprägt ist. Dieses Verhalten ändert sich praktisch nicht, wenn mit Erhöhung der Heizwalzentemperatur gleichzeitig auch die Temperatur der Heizschiene erhöht wird. Daraus ist ersichtlich, daß sich bei starker Erwärmung des Fadens vor Einlauf ins Reckfeld eine Wärmezufuhr im Reckfeld nur noch unwesentlich auf die Eigenschaften des gereckten Fadens auswirkt. Da das Recken bei Heizwalzentemperaturen bis 100 °C bei durchschnittlich höheren Reckspannungen abläuft und von einem verhältnismäßig geringen Anstieg der Dichte begleitet wird, muß angenommen werden, daß die resultierende übermolekulare Struktur im gereckten Faden nur wenig kristalline Haftpunkte zwischen den orientierten Molekülketten besitzt, die zur Festigkeit beitragen. Dies läßt andererseits ein erhöhtes Dehnungsverhalten der Fäden erwarten. Bei der Temperaturführung nach Variante 2 bleibt dagegen die Temperatur der Heizwalze bei 70 °C konstant, und die Heizschienentemperatur wird laufend erhöht. Dabei nehmen wie bereits in [1] veranschaulicht, die Dichtewerte ständig zu, was auf eine beträchtliche Kristallisation beim Reckprozeß zurückzuführen ist. Die resultierende Fadenreißkraft nimmt deshalb bei Polyesterfäden mit der Heizschienentemperatur wieder geradlinig zu (Bild 8). Bei Copolyesterfäden ist der Anstieg im unteren Temperaturbereich der Heizschiene zunächst etwas steiler, ehe die Werte in eine Gerade übergehen. Die Reißdehnungswerte der Fäden nehmen erwartungsgemäß mit der Heizschinentemperatur ab. (Bild 9). Zur Beurteilung der äußeren Gleichmäßigkeit der gereckten Polyester- und Copolyesterfäden haben wir die *Uster*-Gleichmäßigkeiten (UIN_{100}, UIT_{100}) der normalen und der trägen Prüfung ermittelt. Der *Uster*-Wert der normalen Prüfung stellt ein Maß für die kurzperiodischen Schwankungen im Faden dar und wurde in Abhängigkeit von der Recktemperatur im Bild 10 dargestellt. Alle Kurven der Temperaturführung nach Variante 1 und 3 durchlaufen ein ausgeprägtes Minimum im Temperaturbereich von 80 bis 85 °C. Bei dieser Heizwalzentemperatur scheint sich demnach die beste Gleichmäßigkeit der gereckten Seide auszubilden. Bei weiterer Erhöhung der Heizwalzentemperatur verschlechtert sich infolge Zunahme der periodischen Reckspannungsschwankungen die Gleichmäßigkeit der Polyester- und Copolyesterfäden ständig. Die Heizschienentemperatur übt demgegenüber im Temperaturbereich von 70 bis 100 °C nur einen geringen Einfluß auf die kurzperiodischen Schwankungen entlang des Fadens aus: im allgemeinen tritt eine leichte Verbesserung ein. Oberhalb 100 °C verschlechtern sich aber die UIN_{100}-Werte ständig, was besonders bei Polyesterfäden ausgeprägt ist. Im *Uster*-Wert UIT_{100} werden die langperiodischen Schwankungen im Material erfaßt. Hinsichtlich ihrer Größe lagen die von uns ermittelten Werte im Bereich von 0,5 bis 0,9. Sie werden im wesentlichen von der Gleichmäßigkeit des Spinnspulenmaterials bestimmt. In Abhängigkeit von der Recktemperatur wurden tendenzmäßig ähnliche Veränderungen wie bei dem UIN_{100}-Werten gefunden.

4. Zusammenfassung

Die einstufige Heißreckung von amorphen, unorientierten Polyester- und Copolyesterfäden führt in Abhängigkeit von den Reckparametern, speziell von der Temperaturführung beim Recken, zu sehr unterschiedlichen, übermolekularen Strukturen in den gereckten Fäden. Die Veränderungen in der teilkristallinen Struktur lassen sich besonders durch die Bestimmung der „kritischen Lösezeit" und der Dichte nachweisen. Der Einfluß der Temperaturführung beim Recken auf den Verlauf der „kritischen Lösezeit" wird bei den Copolyesterfäden stärker differenziert als bei den Polyesterfäden. Aus der Beziehung „kritische Lösezeit"/Dichte ist ersichtlich, daß aus dem Anstieg der „kritischen Lösezeit" nicht immer auf eine höhere Kristallinität im Material geschlossen werden kann. Dies steht im Widerspruch zu bisherigen Ergebnissen in der Literatur. Es wird daher angenommen, daß bei der Heißreckung von Polyesterfäden unter bestimmten Bedingungen, wie z. B. Reckung nur mit Heizwalze, ein Fadenquerschnitt mit radial differenzierten Strukturbereichen, d. h. mit einer kristallineren Mantelstruktur, entsteht, die das Eindiffundieren von Fremdmolekülen beim Lösevorgang erschwert. Zwischen den Größen Schrumpfkraft, Doppelbrechung, Dichte und Orientierungsfaktor wurde eine phänomologische Beziehung aufgestellt und deren Gültigkeit geprüft. Hinsichtlich der Sorptionseigenschaften zeigen Copolyesterfäden auf Grund der verminderten Kristallisationsneigung beim Recken gegenüber Polyesterfäden eine höhere Aufnahmefähigkeit für Jod und damit auch für Farbstoff, was zur Erzielung von Differential-Dyeing-Effekten in der Veredlung ausgenutzt werden kann. In der Veränderung der textilphysikalischen Eigenschaften ergeben sich zwischen Polyester- und Copolyesterfäden keine wesentlichen Unterschiede. Der Verlauf der Festigkeitszunahme mit dem Reckverhältnis zeigt jedoch beim Recken nur mit Heizwalze eine Unstetigkeit, die in der Literatur bisher nicht beschrieben wurde. Bei der Reckung mit Heizschiene nehmen die Festigkeiten der Polyester- und Copolyesterfäden mit der Temperatur nur dann zu, wenn dabei gleichzeitig die Heizwalzentemperatur auf einem niedrigen Wert (70 bis 80 °C) gehalten wird. Die beste Fadengleichmäßigkeit wird bei einer Heizwalzentemperatur von 80 bis 85 °C erreicht, eine weitere Verbesserung ist durch Hinzuschalten einer Heizschiene gleicher oder höherer Temperatur bei 100 °C zu erwarten. Für größere Reckgeschwindigkeiten (>350 m/min) dürfte sich jedoch diese Temperaturgrenze weiter nach oben verschieben.

Literatur

[1] *Hoffrichter, S.:* Einfluß des Reckens auf die Eigenschaften von Polyester- und Copolyesterfäden. Teil 1: Die Veränderung des Schrumpfens, der Reckkraft und Schrumpfkraft beim einstufigen Recken. Faserforsch. u. Textiltechnik **24** (1973) 7, S. 289—299.

[2] *Jänsch, M.:* Quellungs- und Lösetest zur Beurteilung des Fixiergrades von DEDERON. Mitt. Inst. Textiltechnol. Chemiefasern Rudolstadt **7** (1951) **1**, S. 8—14.

[3] *Schroth, R.:* Physikochemische Prüfmethoden und ihre Anwendung zur Charakterisierung von Polyäthylenterephthalatfäden. Faserforsch. u. Textiltechnik **19** (1968) 6, S. 258—264.

[4] *Joos, G.:* Lehrbuch der theoretischen Physik. Leipzig 1956, S. 535.

[5] *Houwink, R.:* Die Chemie und Technologie der Kunststoffe. Leipzig: Akad. Verlagsges. 1954.

[6] *Geller, V. È., Vysockaja, Z. P.,* und *Ajzenštejn, E. M.:* Zum Hochtemperaturrecken von LAVSAN-Fäden. Chim. Volokna (Chem. Fasern) (1971) 2, S. 14—16; dt. in: Sowj. Beitr. Faserforsch. Textiltechnik **8** (1971) 7/8, S. 346—349.

[7] *Hoffrichter, S.:* Mikroskopische Quellungs- u. Löseuntersuchungen an ungereckter Polyesterseide. Mitt. Inst. Textiltechnol. Chemiefasern **8** (1965) 5, S. 215—224.

[8] *Schroth, R.:* Einfluß der Spinnorientierung auf die Struktur und Eigenschaften gereckter Polyäthylenterephthalatfäden. Faserforsch. u. Textiltechnik **20** (1969) 12, S. 561—564.

[9] *Seyfarth, H.-E., Henkel, H., Langner, K., Schönherr, F.,* und *Wiesener, E.:* Untersuchungen über strukturelle Veränderungen beim Recken von Polyesterseide. Faserforsch. u. Textiltechnik **23** (1972) 6, S. 235—247.

[10] *Novak, J. J., Sučkov, V. A.,* und *Zosin, L. P.:* Untersuchung der Molekülorientierung in den kristallinen und amorphen Bereichen von Polyäthylenterephthalatfaserstoff. Vysokomol. Soed. (Hochmol. Verbind.) **A 11** (1969) 6, S. 1325—1339; dt. in: Sowj. Beitr. Faserforsch. Textiltechnik **6** (1969) 10, S. 513—515.

[11] *Wünsch, E.,* und *Körner, K.:* Zur Jodsorption von Polyesterfaserstoffen. Mitt. Inst. Textiltechnol. Chemiefasern **7** (1963) 6, S. 308—312.

[12] *Aleksandrijskij, S. S.,* und *Petuchov, B. V.:* Orientierungsrecken von Polyesterfaserstoff. Chim. Volokna (Chem. Fasern) (1969) 6, S. 13—15; dt. in: Sowj. Beitr. Faserforsch. Textiltechnik **7** (1970) 4, S. 180—183.

Eingegangen am 6. November 1973

Faserforschung und Textiltechnik 25 (1974) Heft 3
Zeitschrift für Polymerforschung

Untersuchungen über Polyarylenvinylene

8. Mitt.: Elektrische und photoelektrische Eigenschaften von Poly-p-diphenylenvinylenen[1])

Hans-Heinrich Hörhold und Johannes Opfermann
Friedrich-Schiller-Universität Jena, Sektion Chemie

Professor V. V. Koršak zur Vollendung des 65. Lebensjahres gewidmet

DK 678.766:537.311.33:537.312.5:537.572:539.194:541.148

Es werden Dunkel- und Photoleitfähigkeit einer Reihe von Poly-p-diphenylen-vinylenen mit $l = 1, 2, 3, 4$ der allgemeinen Struktur

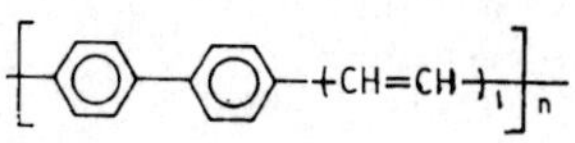

untersucht. Mit zunehmendem l nimmt die Aktivierungsenergie der Dunkelleitfähigkeit von 2,6 eV auf 2,0 eV ab. Aus der Übereinstimmung von optischen und thermischen Anregungsenergien kann der Schluß gezogen werden, daß die thermische Aktivierungsenergie die Abhängigkeit der Leitfähigkeit von der Konzentration der Ladungsträger beinhaltet.

Исследования по полиариленвиниленам

Сообщ. 8-е. Электрические и фотоэлектрические свойства поли-п-дифениленвиниленов

Изучалась темная и фотопроводность ряда поли-п-дифениленвиниленов с общей структурой

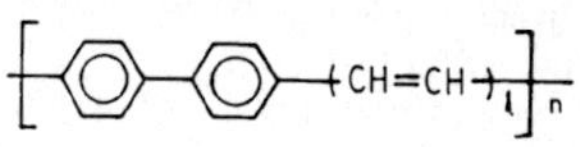

с $l = 1, 2, 3, 4$. В этом ряду энергия активации темной проводности снижается от 2,6 эв до 2,0 эв. Исходя из совпадения оптической и термической энергий возбуждения можно сделать вывод, что в термическую энергию активации входит зависимость проводности от концентрации носителей зарядов.

Investigations on Polyarylenevinylenes

8th Commun.: Electric and Photoelectric Properties of Poly-p-diphenylenevinylenes

The dark and photoconductivity of a series of poly-p-diphenylenevinylenes of the general formula

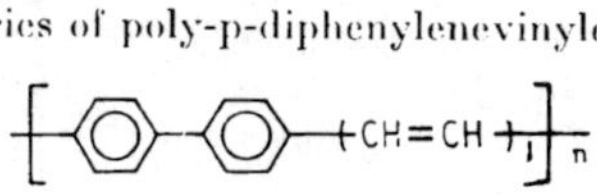

where $l = 1, 2, 3, 4$, have been investigated. With increasing values of l the activation energy of the dark conductivity decreases from 2.6 to 2.0 eV. The equality of the optical and thermal excitation energy allows the conclusion that the thermal activation energy involves the dependence of the conductivity on the concentration of charge carriers.

1. Einleitung

Anhand der Elektronenspektren konnte gezeigt werden [2], daß sich bei Poly-p-phenylen-vinylenen der allgemeinen Struktur I

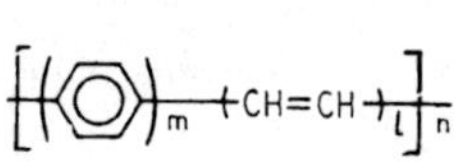

mit steigendem l, der Zahl der Vinylengruppen im Strukturelement, die π-π^*-Anregungsenergie erniedrigt, mit wachsendem m, der Zahl der Phenylengruppen im Strukturelement, dagegen erhöht und mit zunehmendem Polymerisationsgrad n um so schneller gegen einen von l und m abhängigen Grenzwert konvergiert, je größer m ist. Dieser Sachverhalt entspricht ganz den mit einem quantenchemischen Näherungsverfahren berechneten Werten [2].

In der vorliegenden Untersuchung wird am Beispiel der Poly-p-diphenylen-vinylene geprüft, ob die elektrischen und photoelektrischen Eigenschaften, insbesondere die thermische und photoelektrische Anregungsenergie, einen den Absorptionsspektren entsprechenden Gang in Abhängigkeit vom Parameter l aufweisen.

2. Zur Synthese von Poly-p-diphenylen-vinylenen

Eine Reihe von Poly-p-diphenylen-vinylenen mit 1, 2, 3 und 4 Vinylengruppen im Strukturelement ist von uns bereits früher durch PO-aktivierte Olefinierung von Biphenyl-4.4'-dialdehyd mit entsprechenden Bis(phosphonsäurediäthylestern) bzw. mit Äthan-bis(diphenylphosphinoxid) dargestellt worden [2, 3]. Die Synthese verlief nach folgendem Schema:

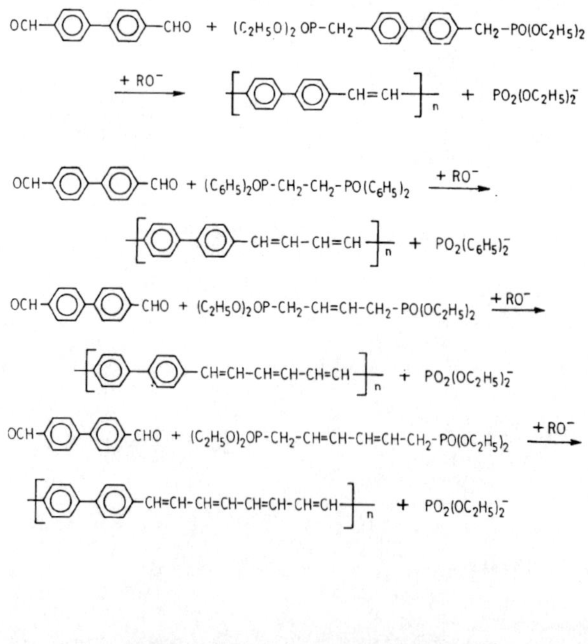

[1]) 7. Mitt. s. [1].

Die Kondensationsprodukte sind farbige, unlösliche Feststoffe. Die Farbe vertieft sich mit zunehmender Zahl von Vinylengruppen im Strukturelement von hellgelb (*2*) über gelb (*3*), ocker (*4*) nach orange (*5*). Alle Kondensate enthalten vorwiegend trans-Vinylengruppen. Während bei *2* nur die IR-Absorption der trans-Vinylengruppe bei 970 cm^{-1} und bei *3* nur die IR-Absorption der trans/trans-Divinylengruppe bei 990 cm^{-1} auftritt, enthalten *4* und *5*, erkennbar an einer Aufspaltung der IR-Absorption der trans-Vinylengruppe, auch cis-Vinylenanteile.

Wegen der Unlöslichkeit der Kondensationsprodukte konnten die rel. Molekülmassen der Polykondensate zwar nicht bestimmt werden, doch wird die Konvergenzgrenze der elektronischen Eigenschaften, die bei $n = 2$ liegt, in jedem Falle überschritten, so daß der vermutete Zusammenhang der elektrischen und photoelektrischen Eigenschaften mit der chemischen Struktur auch dann noch sichtbar wird, wenn nur Oligokondensate vorliegen sollten. Wie wir an einem Beispiel mit $m = 1$ und $l = 1$ jetzt experimentell nachweisen konnten, ist der Einfluß von n, also der rel. Molekülmasse, auf die elektronischen Eigenschaften dann gering, wenn die Konvergenzgrenze überschritten ist [1].

3. *Experimentelles*

Die bei der Synthese als unlösliche Pulver anfallenden Polymeren werden durch längeres Extrahieren mit verschiedenen Lösungsmitteln (Wasser, Alkohol, Benzol) auf die Messungen vorbereitet. Ein sich anschließendes Trocknen im Vakuum bei 80 °C beseitigt grob die Lösungsmittelreste. Bis zur Messung werden sämtliche Proben unter Argon aufbewahrt, um eine Aufnahme von Sauerstoff zu vermeiden. Aus den Pulvern erhält man für die Messung geeignete Probenkörper, wenn die Polymeren im Vakuum ($\approx 10^{-1}$ Torr) mit einem Druck von 10^4 kp/cm^2 zu Tabletten gepreßt werden. So hergestellte Proben besitzen eine hinreichende mechanische Stabilität. Eine sichere Kontaktierung wird durch beidseitiges Bedampfen mit Silber erzielt.

Bei der Messung der Dunkelleitfähigkeit in *Sandwich*-Anordnung betrug die Kontaktfläche 0,5 cm^2. Auf eine Ringelektrode, konnte nach Vorversuchen verzichtet werden, weil der Oberflächenstrom gegen den Volumenstrom ohne Fehler vernachlässigt werden kann. Die Messung der Dunkelleitung erfolgte im Hochvakuum ($p \leq 10^{-5}$ Torr), nachdem bei Temperaturen um 200 °C die Proben längere Zeit aufgeheizt worden waren. Der zur Verfügung stehende Meßplatz erlaubt die gleichzeitige Untersuchung von drei Proben unter identischen Bedingungen. Im allgemeinen unterscheiden sich die Leitfähigkeiten der drei Parallelproben nur geringfügig. Die in Bild 1 enthaltenen Geraden stellen repräsentative Einzelmessungen einer dieser drei Proben dar. Die in die Tabelle 1 aufgenommenen Werte von σ_{400K} und E_D sind Mittelwerte.

Da sich im Hochvakuum das thermische Gleichgewicht wegen des geringen thermischen Kontaktes nur langsam einstellt, muß die Änderungsgeschwindigkeit der Temperatur klein sein; sie wurde auf 0,2 grd/min eingestellt. Gemessen wurde stets von hohen Temperaturen zu niedrigen, um vor der eigentlichen Messung eine Desorption von Gas- und Lösungsmittelresten zu erreichen. Die an die Proben angelegte Spannung betrug 400 V.

Die spektrale Verteilung der Photoleitfähigkeit wurde mit einer Wechsellichtanordnung untersucht [4]. Die Proben wurden in gleicher Weise vorbereitet wie zur Dunkelleitfähigkeitsmessung, nur wurden die Silberelektroden mit Hilfe einer Maske jetzt so aufgedampft, daß auf jeder Seite ein Spalt von 0,5 mm entsteht (Oberflächenmeßzelle). In diesen Spalt hinein erfolgte die Belichtung. Die auf die Probe fallende Strahlung wurde durch Verändern des Eintrittsspaltes des Monochromators (SPM 1) annähernd konstant gehalten, in der Regel auf 2×10^{-4} W. Die Nachweisgrenze der eingesetzten Apparatur liegt bei 10^{-14} A. Die maximal an die Probe angelegte Spannung betrug 800 V. Die zum Vergleich mit den Photoleitfähigkeitsspektren herangezogenen Absorptionsspektren wurden aus den Spektren der diffusen Reflexion nach *Kubelka* und *Munk* berechnet [5]. Als Weißstandard für die Reflexionsmessungen diente MgO, die Polymerkonzentration lag bei 0,5%.

4. *Ergebnisse und Diskussion*

4.1. *Dunkelleitfähigkeit*

Die Leitfähigkeit σ_D der Poly-p-diphenylen-vinylene *2—5* nimmt exponentiell mit der Temperatur zu (Bild 1), eine für Halbleiter und Isolatoren typische Eigenschaft. Bestimmt man gemäß (1) die thermische Aktivierungsenergie E_D,

$$\sigma_D = \sigma_0 \exp(-E_D/2kT) \qquad (1)$$

mit k der *Boltzmann*-Konstanten, T der absoluten Temperatur und σ_0 der Leitfähigkeit bei $T \to \infty$, so erhält man Werte zwischen 2,0 und 2,6 eV (siehe Tabelle 1). Die Aktivierungsenergie nimmt von 2 bis 5, also mit zunehmender Zahl von Vinylengruppen im Strukturelement, stetig ab. Die Leitfähigkeit bei 400 K, σ_{400K}, nimmt für die untersuchten Polymeren Werte in der Größenordnung von 10^{-14} $\Omega^{-1}cm^{-1}$ an.

Tabelle 1. Thermische und optische Anregungsenergie

	Struktur	σ_{400K} $Ohm^{-1}cm^{-1}$	E_D eV	Farbe	$E_{0,01\,\varepsilon\,max}$ eV	$E_{J_{Ph\,max}}$ eV	$E_{1/2\,J_{Ph\,max}}$ eV
1	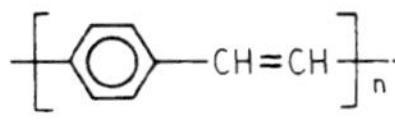 I C [4]	$2 \cdot 10^{-15}$	2,42	gelb	2,35	2,35	2,20
2	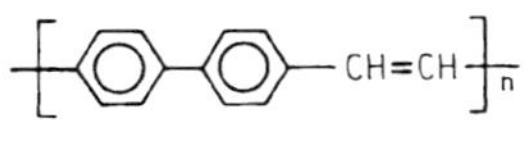	$4 \cdot 10^{-14}$	2,65	hellgelb	2,56	2,56	2,39
3	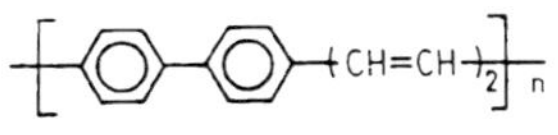	$2 \cdot 10^{-14}$	2,45	gelb	2,49	2,60	2,30
4	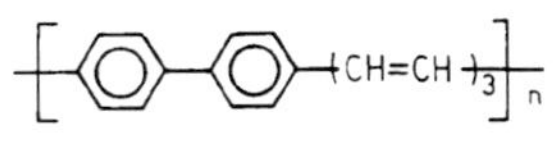	$3 \cdot 10^{-12}$	2,25	ocker	2,36	2,30	2,08
5	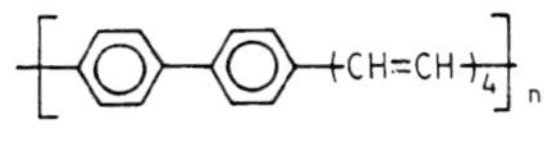	$8 \cdot 10^{-15}$	2,00	orange	2,20	2,20	2,04

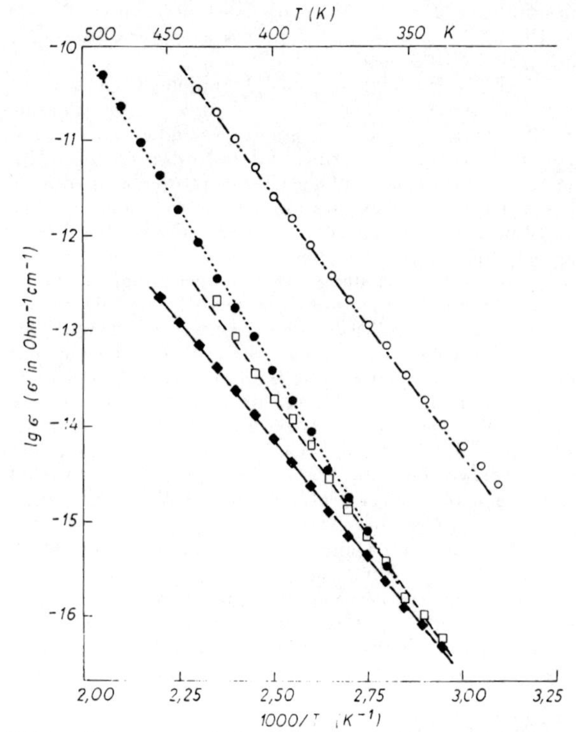

Bild 1. Temperaturabhängigkeit der Dunkelleitfähigkeit von Poly-p-diphenylen-vinylenen

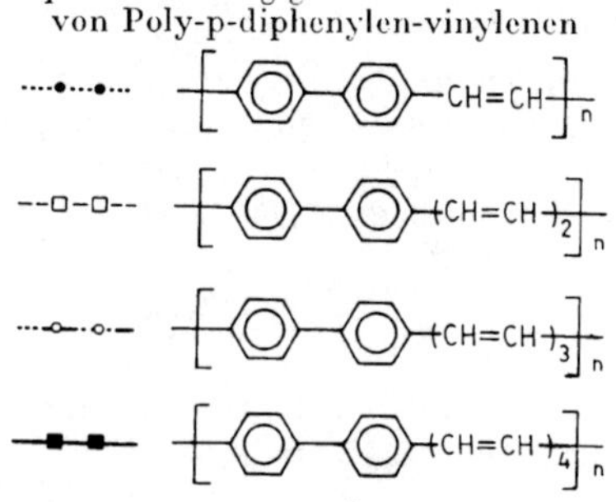

Eine Ausnahme bildet Poly-(diphenylen-trivinylen) *4*, dessen Leitfähigkeit um etwa zwei Größenordnungen höher ist. Das wird offenbar nicht durch die Molekülstruktur verursacht, vielmehr übernehmen adsorbierte Gas- und Lösungsmittelreste in diesem Falle die Rolle von Dotierungen. Zu diesem Schluß gelangt man, weil beim ersten Aufheizen schon bei Temperaturen unterhalb von 100 °C eine sehr starke Gasabgabe beobachtet wird unter gleichzeitiger bedeutender Abnahme der Leitfähigkeit. Auch durch längeres Tempern bei 200 °C und 10^{-5} Torr werden nicht sämtliche Adsorbentien entfernt, so daß zwar die Aktivierungsenergie im Untersuchungsbereich durch die Molekülstruktur bestimmt wird, die Leitfähigkeit jedoch noch stark vergrößert ist.

4.2. *Photoleitfähigkeit*

Von Poly-p-xylyliden *1* ist bereits bekannt, daß es eine starke Zunahme der Leitfähigkeit unter Belichtung aufweist [4] und daß das Aktionsspektrum weitgehend dem Absorptionsspektrum folgt. Die vorliegende Untersuchung zeigt, daß Polymere auch dann einen deutlichen inneren Photoeffekt aufweisen wenn p-Phenylen- und Vinylen-Einheiten in anderen Verhältnissen als 1:1 alternierend miteinander verknüpft sind. Mit zunehmender Zahl von Vinylengliedern im Strukturelement verschiebt sich das Photoleitfähigkeitsspektrum nach größeren Wellenlängen. Die spektrale Verteilung der Photoleitung umfaßt nicht nur den gesamten Absorptionsbereich, sondern ist gegenüber diesem noch in das Gebiet kleinerer Wellenzahlen ausgedehnt (Bild 2 und 3), wie das häufig bei pulverförmigen Polyarylenvinylenen beobachtet wurde [4, 6]. Das bei organischen Photoleitern an der langwelligen Kante der Absorption festgestellte Maximum des Photostromes kommt nach [7] dadurch zustande, daß die Ladungsträger im wesentlichen innerhalb der Probe

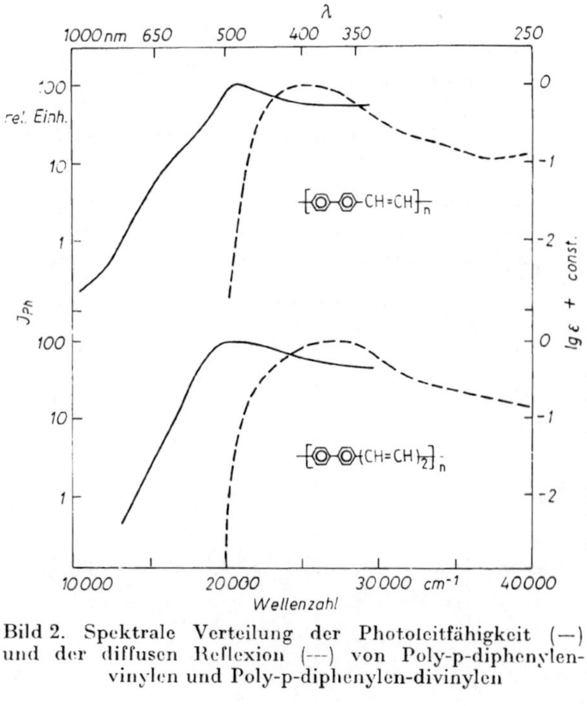

Bild 2. Spektrale Verteilung der Photoleitfähigkeit (—) und der diffusen Reflexion (---) von Poly-p-diphenylen-vinylen und Poly-p-diphenylen-divinylen

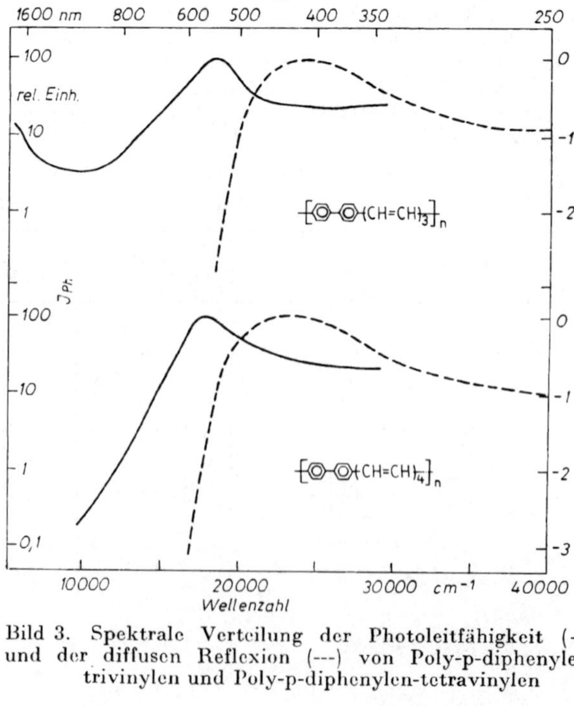

Bild 3. Spektrale Verteilung der Photoleitfähigkeit (—) und der diffusen Reflexion (---) von Poly-p-diphenylen-trivinylen und Poly-p-diphenylen-tetravinylen

durch Wechselwirkung mit Haftstellen erzeugt werden. Andererseits wird das Photoleitfähigkeitsmaximum auf die bei abnehmender Absorption gleichfalls abnehmende Oberflächenrekombination der Ladungsträger zurückgeführt [8].

Wie schon bei der Dunkelleitfähigkeit bildet Poly-(diphenylen-trivinylen) *4* auch bei der Photoleitung eine Ausnahme. Dieses Polymere zeigt selbst bei Wellenlängen von mehr als 1,6 μm noch eine photoelektrische Empfindlichkeit. Das bestätigt die Vermutung, daß hier Fremdstoffe die Rolle von Dotierungen übernehmen.

4.3. Vergleich von thermischer und optischer Anregungsenergie

Ein Blick auf Tabelle 1 zeigt, daß mit dem Übergang von *1* ($m = 1$) nach 2 ($m = 2$) die optischen Anregungsenergien zunehmen. Die Erhöhung der Zahl der Vinylenglieder ($l = 1$ bis 4) hat die umgekehrte Wirkung.

Die thermische Aktivierungsenergie erfährt bei der Änderung der Polymerstruktur eine den optischen Anregungsenergien parallel gehende Verschiebung. Außerdem sind E_D und die optischen Anregungsenergien $E_{0,01\,\varepsilon\max}$ und $E_{J_{Ph\max}}$ von annähernd gleicher Größe. Das bedeutet, daß die thermische Aktivierungsenergie E_D im wesentlichen die Abhängigkeit der Leitfähigkeit von der Konzentration der Ladungsträger beinhaltet. Der Beitrag, den die Abhängigkeit der Beweglichkeit von der Temperatur zur Temperaturabhängigkeit der Leitfähigkeit liefert, muß vergleichsweise gering sein, so daß er bei diesen Messungen nicht in Erscheinung tritt. Die Ergebnisse stehen in Übereinstimmung mit Beobachtungen anderer Autoren [9], die für organische Festkörper mit genügender chemischer Reinheit eine Übereinstimmung von optischer und thermischer Anregungsenergie finden, solange die optischen Anregungsenergien weniger als 2,7 eV betragen.

Literatur

[1] *Hörhold, H.-H., Bergmann, R., Gottschaldt, J.*, und *Drefahl, G.:* Vortrag zum IV. Internationalen Polykondensationssymposium, Budapest, April 1973. Acta chim. Acad. Sci. hung., im Druck.

[2] *Hörhold, H.-H., Kühmstedt, R., Wildner, H., Malecha, H.-D., Klitsch, G.*, und *Drefahl, G.:* Elektronenspektren von Poly-(phenylen-vinylenen). Wiss. Z. Friedrich-Schiller-Univ., Jena/Thür., math.-naturwiss. R. **21** (1972), S. 407–417.

[3] DLP 51436: Erf.: *Drefahl, G., Hörhold, H.-H.*, und *Wildner, H.:* Dissertation H. Wildner, Univ. Jena 1966.

[4] *Hörhold, H.-H.*, und *Opfermann, J.:* Poly-p-xylyliden. Synthesen und Beziehungen zwischen Struktur und elektrophysikalischen Eigenschaften. Makromol. Chemie **131** (1970) S. 105–132.

[5] *Kubelka, P.*, und *Munk, F.:* Ein Beitrag zur Optik der Farbanstriche. Z. techn. Physik **12** (1931) S. 593–601.

[6] *Hörhold, H.-H.:* Neue Polykondensationsreaktionen zur Synthese von Polymeren mit Halbleitereigenschaften. Z. Chemie **12** (1972) S. 41–52.

[7] *Bauser, H.*, und *Klöpffer, W.:* Excitonen in Polymeren mit aromatischen Seitengruppen. Kolloid-Z. u. Z. Polymere **241** (1970) S. 1026–1033.

[8] *Myl'nikov, V. S.:* Elektrische und photoelektrische Eigenschaften organischer polymerer Halbleiter. Usp. Chimii (Fortschr. Chemie) **37** (1968) S. 78–103.

[9] *Meier, H.:* Organische Farbstoffe als Photohalbleiter. Angew. Chemie **77** (1965) 15, S. 633–650.

Eingegangen am 20. November 1973

Zur $[\eta]$-M_n-Beziehung für Polycaprolactam in 95,6%iger Schwefelsäure[1)]

Gerhard Reinisch

Akademie der Wissenschaften der DDR, Institut für Polymerenchemie in Teltow-Seehof

Professor V. V. Koršak zur Vollendung des 65. Lebensjahres gewidmet

DK 678.675'126–404.5:541.24.08:532.133:[541.125:547.024]:543.24

Durch Viskosimetrie und Endgruppenanalysen von schonend hergestelltem Polycaprolactam wurden K und α für Lösungen in 95,6%iger H_2SO_4 bei 20°C bestimmt.

К зависимости η от M_n для поликапролактама в 95,6%-ном растворе серной кислоты

Методами вискозиметрии и определения концевых групп в поликапролактаме, полученном в мягких условиях, определены значения констант К и α для растворов в 95,6%-ной серной кислоте при 20°C.

The $[\eta]$-M_n Relationship of Polycaprolactam in 95,6% Sulfuric Acid

The values of K and α have been determined by viscosimetry and end group analysis of carefully prepared polycaprolactam in solutions of 95,6% H_2SO_4 at 20°C.

1. Einleitung und Problemstellung

Bei der Untersuchung des Verlaufs der Polykondensationsreaktion in Polycaprolactamschmelzen stellten wir fest, daß in offenen, gut durchmischten und mit Stickstoff überströmten Reaktionsansätzen, insbesondere bei Temperaturen oberhalb von 265°C, Differenzen zwischen den titrimetrisch zu ermittelnden Endgruppenkonzentrationen auftraten, die weit außerhalb der Fehlergrenze der Bestimmungsmethoden lagen [1, 2]. Selbst bei 251°C wurden nach 8 bis 12 h Reaktionsdauer in einer Glasapparatur bei N_2-Strömungsgeschwindigkeiten von 4 l/h in zeitlicher Reihenfolge nur 25 bis 16 μÄqu/g COOH-Gruppen bei gleichbleibender Konzentration der basischen Endgruppen (ca. 30 μÄqu/g) gefunden. Im Abgasstrom konnte unter diesen Versuchsbedingungen kein CO_2 festgestellt werden. Bei geringeren Rühr- und N_2-Strömungsgeschwindigkeiten waren die Werte für die titrimetrisch ermittelten Konzentrationen der basischen Endgruppen und der COOH-Gruppen gleich. Wir konnten durch eine Kombination kinetischer und organisch-analytischer Untersuchungen nachweisen, daß

[1)] 13. Mitt. über Analytik von Polycaprolactam. Als 12. Mitt. gilt *Dietrich, K., Tolsdorf, S.* und *Reinisch, G.*, Faserforsch. u. Textiltechnik **23** (1972) S. 325–328.

eine anomale Kondensationsreaktion zwischen COOH-Endgruppen und den α-Methylengruppen der Aminocaproylkettenglieder die Ursache für diese Erscheinungen ist, die wir als Carboxylgruppen-Dehydratationsanomalie bezeichneten [1, 2].

Diese Anomalie tritt, wie wir inzwischen feststellen konnten, nicht nur in offenen Systemen auf. Sie stört die Endgruppenäquivalenz auch in Polycaprolactamschmelzen, die in quasigeschlossenen Reaktionsräumen ins Polykondensationsgleichgewicht gebracht werden [3].

Bei so gestörten Endgruppenverhältnissen ist es natürlich wünschenswert, $\overline{M}_n$ und damit $[-E]$ (Endgruppenkonzentrationen) aus Lösungsviskositätsdaten berechnen zu können. Wie wir zeigen konnten, vermittelt die Gegenüberstellung von $[-NH_2]_{titr}$, $[-COOH]_{titr}$ und $[-E]f([\eta])$ für Polymere aus Ansätzen mit Carboxylgruppen-Dehydratationsanomalie weitere interessante Informationen über die polymeranalytischen Verhältnisse in diesen Systemen [1, 2, 3]. Aber auch bei Auswertung von Polyamidfraktionierungen und für kinetische Untersuchungen der Polycaprolactambildung wird eine zuverlässige $[\eta]$-$\overline{M}_n$-Beziehung benötigt.

Die analytische Meßgröße, die der Berechnung theoretischer Endgruppenkonzentrationen zugrunde gelegt wird, ist die rel. Lösungsviskosität. Wir benutzen 95,6%ige H_2SO_4 als Lösungsmittel. H_2SO_4 dieser Konzentration ist weniger hygroskopisch als z. B. Trikresol und vor allem in ständig gleichbleibender chemischer Reinheit erhältlich. Polymeranalytisch vorteilhaft ist es auch, daß selbst niedrigmolekulare, reglerfreie Polycaprolactame von konz. H_2SO_4 weitgehend molekulardispers gelöst werden. In phenolischen Lösungsmittel dagegen bilden solche Produkte stabile Assoziate [4]. Diese Assoziation ist auswertetechnisch sehr nachteilig. Bei Assoziation ändert sich die *Huggins*-Konstante k_H, insbesondere im niedermolekularen Bereich sehr stark. So fanden *Rafler* und *Reinisch* [5] an Lösungen von reglerfreien Polycaprolactamen in Phenol(1)/Tetrachloräthan (1) (m/m) für $21{,}2 \leqq \overline{P}_n \leqq 154{,}6$ k_H-Werte von $2{,}37 \geqq k_H \geqq 0{,}52$. Wenn k_H so hohe Werte annimmt und einen so weiten Wertebereich überstreicht, kann man Einpunktformeln für die Berechnung von $[\eta]$ aus η_{rel} nicht mehr anwenden. Wie wir nachweisen konnten, treten solche Probleme bei 95,6%iger H_2SO_4 nicht auf [5].

In der Literatur findet man nur zwei Arbeiten über $[\eta]$-M_n-Beziehungen für $[\eta]$-Werte aus Messungen in 95,6%iger H_2SO_4.

Die Untersuchungen von *Schaefgen* und *Flory* [6] führten zu zwei möglichen Beziehungen, deren Konstanten wir aus den tabellierten Werten der Publikation von *Schaefgen* und *Flory* durch Ausgleichsrechnung neu bestimmt haben. Man muß beachten, daß die Viskositätsmessungen für diese Beziehungen bei 25 °C vorgenommen wurden. Eine dritte, in der Originalform etwas kompliziert formulierte Beziehung stammt von *Matthes* [7]. Sie basiert auf Meßwerten von *Loepelmann* [8], wobei aber unklar ist, wie die Viskositätsmeßwerte in Kresol einer Beziehung für H_2SO_4 zugrunde gelegt werden konnten. Wir haben aus $[\eta]$-$\overline{M}_n$-Wertepaaren für $20 \leqq [\eta] \leqq 240$ mlg^{-1}, die *Matthes* mit Hilfe seiner Formel berechnet hat und die in seiner Publikation tabelliert sind, wieder über Ausgleichsrechnungen eine Exponentialbeziehung der *Staudinger/Kuhn/Mark/Houwink*-Form ermittelt.

Alle drei genannten Beziehungen liefern, wie man aus Tabelle 1 ersehen kann, für gegebene $[\eta]$-Werte (insbesondere im Bereich der technisch üblichen $\overline{M}_n$) recht unterschiedliche Werte für $\overline{M}_n([\eta])$ bzw. $[-E]_{[\eta]}$. Außerdem ist nicht auszuschließen, daß die Meßwerte der Endgruppenkonzentrationen bei allen genannten Autoren durch Carboxylgruppenanomalien beeinträchtigt sind.

Wir stellten daher reglerfreie Polycaprolactamproben unter Bedingungen her, bei denen diese Anomalien auszuschließen waren.

2. *Ermittlung der Beziehung*

Aus einer Reihe von Vorversuchen ergaben sich folgende Bedingungen als optimal für die Probenherstellung:

5700 g (50,53 mol) Caprolactam und 348 g (2,65 mol) über Ionenaustauscher Wolfen SBK gereinigte farblose ε-Aminocapronsäure wurden in einen auf 100 °C vorgeheizten V 4 A-Rührautoklaven mit Ankerrührer und Bodenventil eingebracht. Der Autoklav war mit Reinststickstoff (< 1 ppm O_2) sauerstofffrei gespült worden und wurde nach dem Eintragen der Monomerenmischung weiter 15 min lang intensiv (30 l/h) mit Stickstoff begast. Danach wurde der N_2-Strom auf 2 l/h gedrosselt und während des gesamten Versuchs auf dieser Geschwindigkeit gehalten. Die Rührgeschwindigkeit betrug 32 min^{-1}. Das Reaktionsgemisch kam innerhalb von 90 min auf die Reaktionstemperatur von 230 °C. Zu dieser Zeit wurde mit der kontinuierlichen Probenahme (Ablassen eines Polymerstrahls mit 3 g/min durch das Bodenventil) begonnen. Die im Abstand von 28 min während jeweils 2 min aufgefangenen Proben wurden für die analytischen Untersuchungen verwendet. Sie wurden nach 16 h Heißwasser-Durchflußextraktion bei 60 °C/10 Torr auf $\Delta m = 0{,}5$ mg massekonstant getrocknet und für die titrimetrischen und viskosimetrischen Messungen im Vakuumexsikkator unter Lichtausschluß über Zeosorb IM aufbewahrt.

Tabelle 2 gibt einen Überblick über die aus viskosimetrischen und titrimetrischen Doppelbestimmungen errechneten Kenndaten der Proben für die $[\eta]$-$\overline{M}_n$-Beziehung.

$[\eta]$ und $\overline{M}_n$ sind Mittelwerte unterschiedlicher Ordnung [9]. Sie dürfen nur korreliert werden, wenn alle untersuchten Proben den gleichen Polymerisationsgradverteilungs-Typ aufweisen. Für Polycaprolactame

Tabelle 1. $[\eta]$-$\overline{M}_n$*-Beziehungen für Lösungen von Polycaprolactamen in 95,6%iger* H_2SO_4

Beziehung	$\overline{M}_n([\eta])$ g · ml^{-1}	$[-E([\eta])]$ μÄqu · g^{-1}	$\overline{M}_n([\eta])$ g · ml^{-1}	$[-E([\eta])]$ μÄqu · g^{-1}
	für $[\eta] = 100{,}0$ ml · g^{-1}		für $[\eta] = 200{,}0$ ml · g^{-1}	
1. *Schaefgen* und *Flory* (25 °C) [6]				
1.1 $[\eta] = 6{,}80 \cdot 10^{-2}\, \overline{M}_n^{0,75}$	14867	67,3	43124	23,2
1.2 $[\eta] = 3{,}66 \cdot 10^{-2}\, M_n^{0,81}$	17487	57,2	41127	24,3
2. *Loepelmann/Matthes* (20 °C) [7, 8]				
2a $[\eta] = 0{,}04 + \dfrac{9{,}76 \cdot 10^{-3}\, \overline{P}_n}{1 + 0{,}3538 \sqrt{\overline{P}_n}}$	16111	62,1	37911	26,4
2b $[\eta] = 3{,}91 \cdot 10^{-2}\, \overline{M}_n^{0,81}$				

Tabelle 2. Polymeranalytische Kenndaten von bei 230 °C, 32 min⁻¹, 2 l/h N_2 im Labor-Rührautoklaven hergestellten reglerfreien Polycaprolactamen

Probe	$[\eta]$ ml · g⁻¹	$\overline{[-NH_2]}$ µÄqu · g⁻¹	$\overline{[-COOH]}$ µÄqu · g⁻¹
K 470/3	58,0	137,3	137,1
K 470/6	83,2	87,1	84,5
K 470/7	88,0	81,6	80,0
K 470/8	94,8	76,2	72,9
K 470/9	99,6	63,7	70,8
K 470/11	104,5	65,8	65,3
K 470/14	112,8	60,3	60,0

aus Schmelzepolykondensationsreaktionen der vorstehend beschriebenen Initiierungsweise (Initiator ε-Aminocapronsäure) ist dies vom Reaktionsmechanismus her sehr wahrscheinlich (Umbaureaktionen durch Ammonolyse von Kettenamidbindungen neben Polykondensationsreaktionen und neben Monomerenanlagerungsreaktionen) und durch Fraktionierungen bereits mehrfach nachgewiesen worden [10, 11]. Wir überzeugten uns für Proben unserer Herstellungsweise noch davon, daß sie bei unterschiedlichen $\overline{P}_n$ etwa die gleiche Verteilungsbreite besitzen ($\overline{M}_w/\overline{M}_n$); bei gegebenem Reaktionsmechanismus und guter, gleichmäßiger Durchmischung der Schmelze ist dies ein indirekter Hinweis auf den gleichen Verteilungstyp.

Es zeigte sich, daß die Uneinheitlichkeit $\overline{M}_w/\overline{M}_n$ von Proben, die unter unseren Reaktionsbedingungen hergestellt worden waren, im Rahmen der Fehlergrenze aller Einflußgrößen den für Produkte mit *Schulz/Flory*-Verteilung zu erwartenden Wert 2 hat (Tabelle 3). Die $\overline{M}_w$-Werte wurden durch Messung der reduzierten Streulichtintensität in einer 2 m Lösung von KCl in 90%iger HCOOH [12] bestimmt. Die staubfreien Polymerlösungen ($c = 0{,}5-2{,}00$ g/dl) wurden im Streulichtphotometer bei $\varphi = 90°$ vermessen. Die Auswertung der Konzentrationsreihen erfolgte durch Ausgleichsrechnung.

Beim Auftragen von $[\eta] = f(\overline{M}_n)$ im doppeltlogarithmischen Koordinatensystem zeigte es sich, daß $\overline{M}_n([-COOH])$ die bessere Linearität ergeben. Sie wurden daher der Berechnung der Beziehung zugrunde gelegt. Durch Ausgleichsrechnung wurde die Beziehung

$$[\eta] = 5{,}12 \cdot 10^{-2} \cdot \overline{M}_n^{\,0{,}79}\ \text{ml} \cdot \text{g}^{-1}$$

ermittelt. Wir fanden diese Beziehung in vierjährigem Gebrauch an zahlreichen Proben aus Laboransätzen und aus Produktionsaggregaten bestätigt. Sie kann auch zur Auswertung von Fraktionierungen angewandt werden, die scharfe Fraktionen mit gleichartigen Verteilungskurven ergeben. Bei Gegenüberstellung von differentiellen Verteilungskurven aus Fraktionierungen mit berechneten *Schulz/Flory*-Kurven muß natürlich bei Verwendung der $[\eta]$-$\overline{M}_n$-Beziehung beachtet werden, welche Verteilungsbreite $\overline{P}_w/\overline{P}_n$ die Fraktionen besitzen.

Tabelle 3. Uneinheitlichkeit von Polycaprolactamproben aus Labor-Rührautoklavenansätzen

Probe	$\overline{M}_n([-COOH], [-NH_2])$	$\overline{M}_w$	$\overline{M}_w/\overline{M}_n$
K 401/2	8848	18116	2,05
K 420/1	11676	23923	2,05
K 401/8	13650	26247	1,92
K 420/4	15888	30120	1,90
K 470/12	15848	32700	2,06
K 420/8	18449	36343	1,97

3. Methodisches

Probenextraktion

Die Extraktion erfolgte in der früher ausführlich beschriebenen Weise [13]. Die extrahierten Proben wurden bei 105 °C/1 Torr im Stickstoff-Vakuum getrocknet.

Endgruppentitrationen

Die Carboxylendgruppen wurden mit 0,02 n benzylalkoholischer KOH in Benzylalkohol mit Propanolzusatz gegen Kresolrot als Indikator titriert [14]. Als Titrationsmittel wird eine 0,02 n Lösung von KOH in Benzylalkohol(9)/Methanol(1) verwendet.

Wegen der bekannten Autoxydationsneigung des Benzylalkohols muß das Titrationsmittel unter Ausschluß von Licht und Luft aufbewahrt und der Lösevorgang unter strömendem Stickstoff vorgenommen werden. Es ist ferner notwendig, den Blindwert des Lösungsmittels täglich unter Berücksichtigung der jeweils angewandten Lösebedingungen zu ermitteln und in gleichen Zeitabständen den Titer zu überprüfen.

Zur Reinigung des Lösungsmittels werden 2 l Benzylalkohol mit 12 g Ätzkali versetzt und im Wasserstrahlvakuum unter Verwendung einer 20 cm Vigreux-Kolonne unter Stickstoff destilliert (Kp_{15} ca. 98 °C). Der vorgereinigte Benzylalkohol wird unter Zusatz von 6 g Ätzkali unter sonst unveränderten Bedingungen noch einmal destilliert. Der Blindwert eines so gereinigten Benzylalkohols soll bei 0,08 ml 0,02 n KOH/20 ml liegen.

Zur Herstellung der Titrierlauge werden 0,60 g KOH in einem braunen Meßkölbchen in 50 ml Methanol unter Schütteln gelöst, mit gereinigten Benzylalkohol auf 100 ml aufgefüllt und 20 ml dieser ca. 0,1 n Lösung erneut mit Benzylalkohol auf 100 ml verdünnt.

Die Titration wurde mit einer Mikro-Kolbenhandbürette — 5 ml Bürette E 457 der Fa. Metrohm, Herisau (Schweiz) — ausgeführt. Als Urtitersubstanz wurde N-Benzoyl-ε-aminocapronsäure in ca. 10^{-3} m Lösung in Benzylalkohol verwendet.

100 bis 200 mg (bei $\overline{M}_n < 5000$) bzw. 300 mg (bei $\overline{M}_n > 5000$) der wasserfreien Polymerprobe werden zusammen mit dem Rühranker im Titrationskölbchen mit 20 ml Benzylalkohol übergossen. Man versieht das Kölbchen mit einem ca. 25 cm langen Luftkühler, auf den man über NS 14,5 einen Mikrowaschflaschenaufsatz steckt, dessen Einleitungsrohr bis unter den Schliff des Lösekölbchens reicht. Der Kolben wird auf einem Magnetrührwerk unter Rühren 5 min mit einem starken Stickstoffstrom gespült. Dann setzt man das Kölbchen in das vorgeheizte und über einem Magnetrührwerk aufgebaute Ölbad um, drosselt den Stickstoffstrom auf ca. 1 Blase/5 s und löst unter Rühren.

Polymere mit rel. Lösungsviskositäten (0,5 g/dl in H_2SO_4) unter 1,5 löst man bei 150 °C Ölbadtemperatur, höhermolekulare Proben werden bei 180 °C Ölbadtemperatur innerhalb von 15 bis 30 min in Lösung gebracht.

Nach dem Abschrecken der Lösung setzt man 3 ml destilliertes n-Propanol und 5 Tropfen einer ca. 0,1%igen methanolischen Kresolrotlösung zu und titriert gleich darauf unter Umrühren mit einem Magnetrührwerk.

Als Titrationsendpunkt gilt der erste eindeutige Violetton der Lösung. Es empfiehlt sich, vor einer *Atherman*-Leuchte zu titrieren. Für eine an einem Tag zu titrierende Versuchsreihe wird der Blindwert als Mittelwert dreier Titrationen des Lösungsmittelgemisches bestimmt. Der Benzylalkohol wird dazu in gleicher Weise vorbehandelt (Spülzeit, Erhitzungstemperatur und -dauer, Propanolzusatz, Indikatormenge) wie die Polymerenlösung.

Bei Lösezeiten von 10 min bei 150 °C soll der Blindwert von 20 ml Benzalkohol unter 0,10 ml 0,02 n KOH liegen. Wird 30 min bei 180 °C gelöst, so sollen für den Blindwert weniger als 0,20 ml 0,02 n KOH verbraucht werden.

Fehlerabschätzung für die visuelle Carboxylgruppentitration:

$$\bar{x} = 56{,}0\ \mu\text{Äqu g}^{-1}; \quad s_{10} = 0{,}35\ \mu\text{Äqu g}^{-1}$$

Aminoendgruppentitrationen werden, wie schon in der ersten einschlägigen Vorschrift von *Waltz* und *Taylor* [15] beschrieben, am besten in phenolischen Lösungsmitteln durchgeführt.

Wir benutzten ein Gemisch aus drei Masseteilen Phenol und einem Masseteil Methanol, lösten die Proben bei Raumtemperatur durch Stehenlassen über Nacht und titrierten ebenfalls bei Zimmertemperatur.

Titriermittel ist eine 0,02 n Lösung von HCl in 98%igen Methanol. Die Titrationen werden konduktometrisch unter Verwendung des selbstregistrierenden Potentiographen E 336 in Kombination mit dem Konduktoskop E 365 der Fa. Metrohm, Herisau (Schweiz), durchgeführt.

Zur Titerbestimmung werden 20 ml einer $0{,}5 \cdot 10^{-3}$ m Urtiter-Lösung von farbloser, analysenreiner ε-Aminocapronsäure in Phenol(3)/Methanol(1) vorgelegt.

Fehlerabschätzung für die konduktometrische Aminogruppentitration:

$$\bar{x} = 42{,}0\ \mu\text{Äqu g}^{-1}; \quad s_{10} = 0{,}18\ \mu\text{Äqu g}^{-1}$$

Viskositätsmessungen

Die Viskositätsmessungen wurden in *Ubbelohde*-Viskosimetern (Kapillare Nr. 2) bei 20 °C ± 0,02 grd ausgeführt.

Lichtstreuungsmessungen

Die Konzentrationsreihen für Lichtstreuungsmessungen in 2 m KCl in 90%iger HCOOH [12] wurden durch Einzeleinwaagen hergestellt. Durch Druckfiltration über G 5-Fritten direkt in staubfreie Küvetten konnten die zur Messung eingesetzten Flüssigkeiten optisch rein erhalten werden. Die Küvetten mit den meßfertigen Lösungen wurden mit VA-Deckeln mit PTFE-Dichtung verschlossen, 16 h bei Raumtemperatur stehengelassen und dann mit dem Streulichtphotometer SOFICA bei 20 °C ±0,2 grd mit unpolarisiertem Licht $\lambda = 546$ nm vermessen. Das Brechungsinkrement der Lösungen ($dn/dc = 0{,}126$ ml g^{-1}) wurde in Anlehnung an *Tuzar* und *Kratochvil* [16] der Arbeit von *Saunders* [12] entnommen. Daraus ergibt sich die Konstante der *Zimm*schen Gleichung zu $K = 8{,}045 \cdot 10^{-3}$.

Für die Probenherstellung danke ich den Herren *W. Bläsing* und *S. Tolsdorf*. Die viskosimetrischen Messungen wurden von Frau *M. Beduhn*, die Endgruppentitrationen von Herrn *J. Moskalenko* und die streulichtphotometrischen Messungen von Frau *B. Wolf* ausgeführt. Ich danke allen Genannten herzlich für die sorgfältige Durchführung der Arbeiten.

Herrn Dr. *B. Schilling* bin ich für rechentechnische Unterstützung, Herrn Dr. *Herbert Dautzenberg* für Beratung und Unterstützung bei den Lichtstreuungs-Messungen zu Dank verpflichtet.

Literatur

[1] *Reinisch, G.:* Schmelzpolykondensationsreaktionen. Polimery, Warszawa **15** (1970) S. 382–387.

[2] *Reinisch, G.:* Habilitationsschrift, Martin-Luther-Universität Halle–Wittenberg, 1970/71.

[3] *Reinisch, G.,* und *Gohlke, U.:* Über die Polykondensationsstufe bei der Herstellung von Polycaproamid. Vysokomol. Soed. (Hochmol. Verbind.), Serrja A; *Gohlke, U.,* und *Reinisch, G.:* Zum Polykondensationsgleichgewicht bei Polycaprolactam. Faserforsch. u. Textiltechnik **24** (1973) S. 282–288.

[4] *Rybnikař, F.:* On the viscosimetry of Poly-6-caproamide. J. Polymer Sci. **29** (1958) S. 519–530.
Rybnikař, F.: Vergleich der phenolischen Lösungsmittel für Poly-6-Caproamid. Kolloid-Z. **158** (1958) S. 148–150.
Šebenda, J., und *Králiček, J.:* Über die Struktur und Eigenschaften von Polyamiden. XXVI. Der Einfluß der Endgruppen in Poly-6-caprolactam auf die *Huggins*-Konstante der Lösungen des Polymeren in Trikresol. Coll. czechoslov. chem. Commun. **31** (1966) S. 253–346.

[5] *Rafler, G.,* und *Reinisch, G.:* Zur Ermittlung von $[\eta]$ für Polycaprolactame. Faserforsch. u. Textiltechnik **21** (1970) S. 412–415.

[6] *Schaefgen, J. R.,* und *Flory, P. J.:* Synthesis of multichain polymers and investigation of their viscosities. J. Amer. chem. Soc. **70** (1948) S. 2709–2718.

[7] *Matthes, A.:* Gang und Gleichgewicht der Caprolactampolymerisation. Makromol. Chemie **13** (1954) S. 90–101.

[8] *Loepelmann, F.:* Molekulargewicht und Viskosität von Polyaminosäuren. Faserforsch. u. Textiltechnik **3** (1952) S. 58–66.

[9] *Meyerhoff, G.:* Über die Durchschnittswerte der Molekulargewichte makromolekularer Substanzen. Makromol. Chemie **12** (1954) S. 61–77.
Meyerhoff, G.: Die viskosimetrische Molekulargewichtsbestimmung von Polymeren. Fortschr. Hochpolymeren-Forsch. **3** (1961) S. 59–105.

[10] *Griehl, W.,* und *Lückert, H.:* Kritische Betrachtungen zur Uneinheitlichkeit von Polyamiden. J. Polymer Sci. **30** (1958) S. 399–412.

[11] *Rafler, G.,* und *Reinisch, G.:* Methodische Untersuchungen zur phasentrennenden Fraktionierung von Polycaprolactam. Angew. makromol. Chemie, Basel **20** (1971) S. 57–69.

[12] *Saunders, P. R.:* Dilute solution properties of polyamides in formic acid. Teil II. The influence of ionic strength. J. Polymer Sci. **57** (1962) S. 131–133.

[13] *Reinisch, G.,* und *Dietrich, K.:* Über die Aussagesicherheit verschiedener Methoden zur Bestimmung der niedermolekularen Anteile von Polycaprolactam. Faserforsch. u. Textiltechnik **19** (1968) S. 149–154.

[14] *Turska, E.,* und *Wolfram, L.:* Modifizierte Methode zur Endgruppenbestimmung in Polyamiden. Zesz. nauk. Politechn. Łodzkiej (Wiss. H. Techn. Hochsch. Łodz), Chemia (Chemie) **12** (1958) 7, S. 79–82.

[15] *Waltz, J.,* und *Taylor, G. B.:* Analyt. Chem. **19** (1947) S. 448.

[16] *Tuzar, Z.,* und *Kratochvil, P.:* Some notes to the light scattering study of solutions of polyamides in formic acid and sulfuric acid. Coll. czechoslov. chem. Commun. **32** (1967) S. 2255–2263.

Eingegangen am 22. Januar 1974

Faserforschung und Textiltechnik 25 (1974) Heft 3
Zeitschrift für Polymerforschung

Über den Einfluß von Waschbehandlungen auf die Licht- und Wärmebeständigkeit von Polyamid-6-Seiden

Gerhard Holy und Gottfried Glöckner

VEB Chemiefaserkombinat Schwarza „Wilhelm Pieck" Rudolstadt-Schwarza

Technische Universität Dresden, Sektion Chemie

DK 677.494.675'126:677.017.85:677.017.635:677.017.56:677.017.84

Untersucht wurde der Einfluß von Waschbehandlungen mit verschiedenen Säuren und mit NaOH auf die Licht- und Wärmebeständigkeit, auf die Lösungsviskosität und die Aminoendgruppenkonzentration. Weiterhin wurde die Veränderung des Mangangehaltes lichtstabilisierter PA-S durch saure Waschbehandlungen ermittelt. Die Abhängigkeit des Lichtabbaues von der Konzentration der Säure in der Waschflotte wurde für die Behandlung mit Schwefelsäure und Oxalsäure untersucht.

О влиянии мокрых обработок на свето- и термостойкость текстильных нитей на основе полиамида-6

Изучено влияние мокрых обрадоток различными кислотами и щелочью на свето- и термостойкость нитей, вязкость их растовров и концентрацию концевых аминогрупп. Кроме того, определено изменение содержания марганца в стабилизированных нитях в процессе обработки в кислой среде. Для серной и щавелевой кислот изучена зависимость фотодеструкции нитей от концентрации кислоты в ванне.

Effect of Washing on the Light and Heat Stability of Polyamide 6 Multifilament Yarns

The effect of washing in various acids and NaOH on the light and heat stability, solution viscosity and terminal amino group content has been investigated. The change in manganese content of light stabilized filaments during washing with acid liquors and the dependence of photochemical degradation on the concentration of sulfuric and oxalic acid in the washing liquors were determined.

1. Einleitung — Problemstellung

Bekanntlich sind Polyamide nicht resistent gegen konzentrierte Säuren. Diese werden teils als Lösungsmittel für Polyamid eingesetzt (Ameisen- und Schwefelsäure), teils bewirken sie, wie z. B. Salzsäure, den hydrolytischen Abbau des Polymeren.

Auf Grund der bei Färbeprozessen zur Anwendung gelangenden sauren Medien waren auch entsprechende Kenntnisse über die Wirkung von Säuren in größerer Verdünnung erforderlich.

Die in der Literatur wiedergegebenen Untersuchungen bezogen sich immer auf die durch Säureeinwirkung allein eingetretenen Veränderungen der Festigkeit, Dehnung, Endgruppenkonzentration und des Durchschnittspolymerisationsgrades. Es wurde vielfach gefunden, daß die in der Praxis angewandten Säuren (H_2SO_4, $HCOOH$, CH_3COOH, $(COOH)_2$, H_3PO_4 und HCl) mit steigender Konzentration eine zunehmende Schädigung des Polyamids bewirken [1 bis 10]. Übereinstimmend sind die Ergebnisse, daß bei Konzentrationen $>5\%$ bzw. dem pH-Wert <2 Schwefelsäure, Essigsäure und Ameisensäure in Abhängigkeit von der Temperatur mehr oder weniger schädigend wirken [3, 4, 5, 6]. Mit zunehmender Temperatur traten erhöhte Festigkeitsverluste ein. Aber auch dazu entgegengesetzte Befunde wurden veröffentlicht [7]. *Schuller* und *Wünsch* [11] untersuchten die Abhängigkeit der Festigkeit, Dehnung und Endgruppenkonzentration von der Temperatur und stellten eine Reihe auf für die zunehmende Schädigung durch Säuren.

Diese Reihe sieht wie folgt aus:

Minimale Schädigung: CH_3COOH $HCOOH$ $(COOH)_2$ H_2SO_4 HCl HNO_3: Maximale Schädigung

Diese Reihenfolge wurde von *Schwertassek* [12] bestätigt.

Über das Verhalten von Polyamiden bei Belichtung oder Wärmeeinwirkung im Anschluß an eine saure Waschbehandlung gibt es nur sehr wenig Literatur. *Speiser* [2] untersuchte die Lichtechtheit von PA-S nach der Färbung und fand dabei keinen Einfluß der Säuren. *Kratzsch* und *Hendrix* [8] überprüften die Wirkung von UV-Licht auf mit H_2SO_4 gewaschene PA-S. Sie kochten die Fasern 5 min lang in H_2SO_4 unterschiedlicher Konzentration (bis 20%) und stellten eine nur geringe Beeinflussung fest. Das hängt sicherlich mit der von *Jijima* und *Ikeda* [13] festgestellten Temperatur- und Konzentrationsabhängigkeit der Diffusion zusammen.

Mit dieser Arbeit soll ein weiterer Beitrag zur Problematik der Licht- und Wärmebeständigkeit von PA-S nach vorangegangenen Waschbehandlungen geleistet werden.

2. Versuchsbedingungen

2.1. Versuchsmaterial

Als Versuchsmaterial wurde stets eine PA-S 6,8 tex(12) eingesetzt. Das Polymere wurde im Autoklaven hergestellt und auf einer Rostspinnanlage unter gleichbleibenden Bedingungen gesponnen, soweit es die Eigenschaften des Materials zuließen. Folgende Zusätze wurden beigefügt, bei Versuch Nr. 272 0,4% TiO_2 und 250 ppm Mn in Form eines spezialbehandelten $Mn_2P_2O_7$ [14]; bei Versuch Nr. 274 0,4% TiO_2, welches das Mangan in Form des Pyrophosphates auf der Oberfläche niedergeschlagen enthält, so daß 20 ppm Mn im Polymeren enthalten waren; bei Versuch Nr. 5 GE 0,4% TiO_2, mit Manganpyrophosphat beladen, so daß 7,5 ppm Mn im Polymeren enthalten waren; bei Versuch Nr. 281 Manganpyrophosphat entsprechend 250 ppm Mn im Polymeren ohne TiO_2-Zusatz; bei Versuch Nr. 282 keine Zusätze.

2.2. Waschbehandlungen

Auf Garnkörper, speziell für die Waschapparatur gefertigt, wurden 25 g PA-S locker aufgewickelt. Die Garnkörper waren mit Epoxidharz überzogen, damit keine störenden Fremdionen in die Waschflüssigkeit und damit auf das Polyamid gelangen. Sie waren so konstruiert, daß die Waschflotte von innen und außen an das aufgewickelte Fasermaterial gelangen konnte und außerdem nahmen sie noch die auftretenden Schrumpfkräfte der PA-S auf. Als Waschgefäß kam eine Doppelmantelglasapparatur mit einem Fassungsvermögen des inneren Gefäßes von ca. 1200 cm^3 zur Anwendung. Zwischen innerem und äußerem

Glasmantel wurde das über einen Thermostaten beheizte Wasser zur Beheizung der Waschflotte umgepumpt. Die Waschflotte wurde auf 25 °C vorgeheizt, dann wurde der von einem Rührmotor direkt angetriebene Garnkörper (120 bis 140 U/min) in die Waschflotte eingebracht. Die Temperatur der Waschflotte wurde nach einem vorher ermittelten Programm in 30 min auf die Waschtemperatur 60 °C aufgeheizt und bei dieser Temperatur wurde die PA-S 30 min gewaschen. Danach erfolgte die Trocknung der Garnwickel an der Luft.

Ein Teil des sauer gewaschenen Materials wurde 2mal 60 min bei Zimmertemperatur mit destilliertem Wasser gewaschen und ebenfalls an der Luft getrocknet. Es sollte damit überprüft werden, ob die Säure durch eine Wasserbehandlung wieder entfernt werden kann.

Zur Prüfung der Möglichkeit der Neutralisation wurde ein Teil des sauer behandelten Materials mit NaOH entsprechender Konzentration bei 60 °C gewaschen. Dabei war die vorher angegebene Waschbehandlung mit Wasser zwischengeschaltet. Nach der alkalischen Wäsche wurde das Material 2mal 10 min mit Wasser gespült und wie üblich an der Luft getrocknet.

Das Flottenverhältnis wurde entsprechend üblichen Technologien mit 1:40 eingestellt.

Der Verbrauch an Säure und Lauge in der Waschflotte wurde durch Titration eines aliquoten Teiles bestimmt.

Alle diese Operationen wurden so durchgeführt, daß keine zusätzliche Lichtschädigung in Betracht kommen konnte.

2.3. *Belichtung und Wärmebehandlung*

Die Belichtung wurde in einem Xenotestgerät 150 der Quarzlampengesellschaft Hanau unter folgenden Bedingungen vorgenommen: $t = 0$ bis 400 h; $T = 40$ °C; rel. Feuchte $= 40\%$; Filter = „Sonnenlicht hinter Fensterglas". Das Belichtungs-Reißkraftverhältnis [15] der belichteten Proben wurde ermittelt und in den Diagrammen gegen die Belichtungsdauer aufgetragen.

Zur Ermittlung der Wärmebeständigkeit wurden abgeweifte Stränge in einem Trockenschrank mit Luftumwälzung 60 min lang auf 150 °C in Luft oder N_2 erhitzt und das Temperungs-Reißkraft-Verhältnis ermittelt.

2.4. *Chemische Untersuchungen*

Die Bestimmung des Mangangehaltes der PA-S erfolgte nach der von *Praeger* [16] ausgearbeiteten Methode.

Die Bestimmung der Amino-Endgruppen wurde nach folgender Methode durchgeführt:

200 mg PA wurden in einem Gemisch aus wasserfreiem Methanol und Phenol (1:3 Masseteile) gelöst und mit 0,02 N methanolischer HCl titriert. Der Endpunkt wurde visuell unter Verwendung einer 0,1%igen Mischindikatorlösung aus gleichen Teilen Dimethylgelb und Methylenblau ermittelt. Die Fehlergrenze wurde für $n = 10$ mit $s = \pm 0{,}46$ μ Äqu/g ermittelt. Diese Methode wurde im Institut für Polymerenchemie in Teltow-Seehof ausgearbeitet und so übernommen.

3. *Versuchsergebnisse*

3.1. *Einfluß verschiedener Säuren und NaOH auf die Licht- und Wärmebeständigkeit*

In den Bildern 1a und 1b sind die Abbaukurven von mit Manganpyrophosphat stabilisierter (Versuch Nr. 281) und unstabilisierter (Versuch Nr. 282) PA-S ohne TiO_2-Zusatz nach Waschbehandlungen mit verschiedenen Säuren und NaOH dargestellt. Es wurde unmattierte PA-S verwendet, um den sensibilisierenden Einfluß des TiO_2 auszuschalten.

Allgemein kann festgestellt werden, daß die Lichtbeständigkeit des Polyamids nach saurer Wäsche herabgesetzt wird. Dabei verhält sich manganstabilisierte PA-S in einigen Fällen anders als unstabilisierte. Eine alkalische Waschbehandlung allein übt auf die Lichtbeständigkeit von PA-S keinen Einfluß aus. Von den eingesetzten Säuren ruft Phosphorsäure die geringste Stabilitätsminderung hervor. Salzsäure und Essigsäure führen zu einer bereits merklichen Verminderung der Resistenz sowohl bei stabilisierter als auch bei unstabilisierter PA-S. Schwefelsäure beeinflußt bei den beiden Materialien die Beständigkeit unterschiedlich stark.

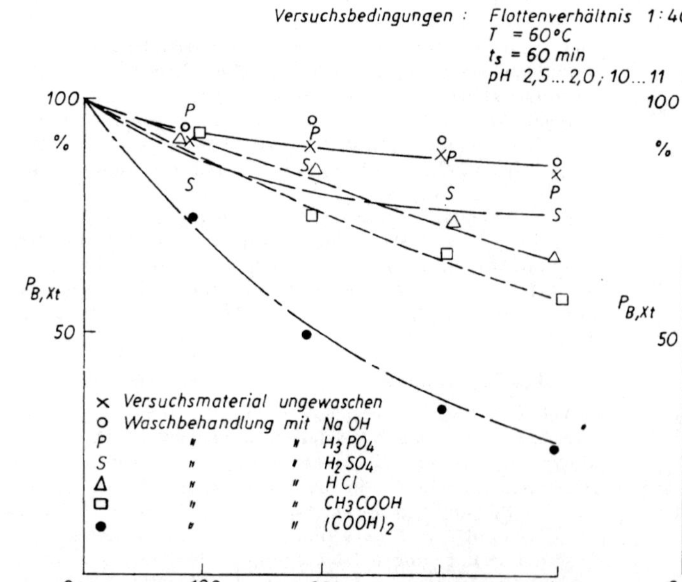

Bild 1a. Einfluß von Waschbehandlungen auf die Lichtbeständigkeit lichtstabilisierter Polyamidseide

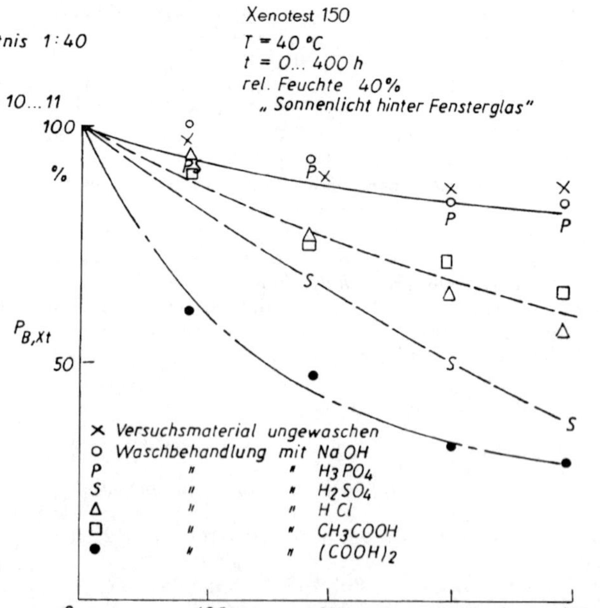

Bild 1b. Einfluß von Waschbehandlungen auf die Lichtbeständigkeit unstabilisierter Polyamidseide

Tabelle 1. Einfluß von Waschbehandlungen mit $NaOH$ *oder Säuren auf die Eigenschaften des* PA-S

Vers. Nr.	Wasch-behandlung mit	Viskosität η rel.		Konzentration an NH_2-Endgruppen µÄqu/g		Säureaufn. d. PA-S	Xenotest-ergebnis	Temperungs-ergebnis
		nach der Wäsche	nach der Temperung	nach der Wäsche	nach der Temperung	µmol/g PA	$\overline{P}_{B,x400}$ %	$\overline{P}_{T,60}$ %
281	unbeh.	2,58	2,24	25,23	16,19	—	86	80
	$NaOH$	2,57	2,55	24,33	20,93	27	86	82
	HCl	2,54	1,87	10,85	7,20	24	67	65
	H_2SO_4	2,49	1,84	11,68	6,94	16	75	50
	H_3PO_4	2,55	1,81	19,39	10,73	33	82	37
	CH_3COOH	2,51	1,89	17,07	9,66	1250	57	55
	$(COOH)_2$	2,53	1,78	12,97	11,91	67	28	39
282	unbeh.	2,50	1,85	25,57	14,07	—	84	86
	$NaOH$	2,52	2,06	24,97	15,28	28	81	79
	HCl	2,50	1,74	9,05	6,68	20	55	61
	H_2SO_4	2,55	1,66	13,29	5,98	16	36	42
	H_3PO_4	2,50	1,90	17,51	10,28	36	76	43
	CH_3COOH	2,47	1,95	18,43	11,20	1450	63	62
	$(COOH)_2$	2,49	2,12	11,94	9,40	45	30	37

Versuchsbedingungen: Material
PA-S 6,8 tex(12) glanz Mn-stabilisiert Versuch Nr. 281
PA-S 6,8 tex(12) glanz unstabilisiert Versuch Nr. 282

Waschbedingungen: Flottenverhältnis 1:40; $T = 60\,°C$, $t = 30$ min; pH = 2,0 bis 2,5 und 10 bis 11 bei $NaOH$

Viskositätsmessung: 1% PA in H_2SO_4 (96,5%ig)

Belichtungsbedingungen:
Xenotest 150; $t = 400$ h; $T = 40\,°C$; rel. Feuchte = 40, Filter: „Sonnenlicht hinter Fensterglas"

Wärmebehandlung: 60 min bei 150 °C in Luft; spannungslos.

Die mit Abstand stärkste Sensibilisierung ruft eine Behandlung mit Oxalsäure hervor. Ihre Wirkung übertrifft die von TiO_2.

Neben der Auswirkung auf die Lichtbeständigkeit interessierte auch der Einfluß der sauren Wäsche auf die Beständigkeit des PA gegen thermische Oxydation, da im Verarbeitungsprozeß auch thermische Behandlungen erfolgen. Die Ergebnisse sind in Tabelle 1 zusammengefaßt und für beide Materialien vergleichbar.

Offensichtlich ist wiederum die Waschbehandlung mit $NaOH$ ohne Einfluß auf die Beständigkeit des Polyamids. Eine geringe aber doch bereits merkliche Schädigung rufen HCl und CH_3COOH hervor. Schwefelsäure schädigt das Polymere schon recht beachtlich. Am stärksten wird der thermooxydative Abbau durch H_3PO_4 und $(COOH)_2$ gefördert. Die starke Wirkung der Phosphorsäure rechtfertigt ihre Verwendung in der Praxis als Depolymerisationskatalysator bei der Abfallverwertung.

3.2. *Einfluß der Waschbehandlungen auf die Lösungsviskosität und Aminoendgruppenkonzentration*

Es interessierte, ob ein Zusammenhang zwischen Veränderung der Lösungsviskosität und der NH_2-Endgruppenkonzentration vor und nach der Waschbehandlung und dem Abbau nach Belichtung oder Temperung besteht. Die Ergebnisse sind in Tabelle 1 mit angeführt. Neben der NH_2-Endgruppenkonzentration wurde auch die aus der Flotte aufgenommene Säuremenge bestimmt. Es kann kein Zusammenhang zwischen aufgenommener Säuremenge, NH_2-Endgruppenkonzentration, Licht- und Wärmebeständigkeit festgestellt werden. Außerordentlich auffällig ist die sehr hohe Menge an Essigsäure, die vom Polyamid aufgenommen wurde. Durch Kontrollversuche konnten die Werte bestätigt werden. Die Endgruppenkonzentration nach der Belichtung konnte auf Grund der geringen Mengen an belichtetem Fasermaterial nicht untersucht werden.

Ein hydrolytischer Abbau des Polymeren durch die saure Waschbehandlung allein, wie er in verschiedenen Arbeiten beschrieben worden war [3, 4, 5, 6, 7], konnte nicht nachgewiesen werden. Er hätte sich in einer Veränderung der Lösungsviskosität bemerkbar machen müssen. Eine solche Veränderung ist nicht eingetreten, wie die Werte in Tabelle 1 eindeutig nachweisen.

3.3. *Veränderung des Mangangehaltes von lichststabilisierter* PA-S *durch saure Waschbehandlung und Einfluß auf die Lichtbeständigkeit*

Erste Vermutungen über die Ursache der eingetretenen Schädigung der PA-S betrafen die Veränderung des Mangangehaltes, d. h. es wurde angenommen, daß der Stabilisator durch die Waschbehandlung ausgewaschen und damit der Schwellwert der wirksamen Konzentration unterschritten wird. Deshalb wurden an drei ausgewählten Materialien mit stark differierendem Mn-Gehalt Untersuchungen über die Veränderung der Mangankonzentration durchgeführt, zumal bekannt war, daß Oxalsäure aus Mn-haltigem TiO_2 beachtliche Mengen des Mangans auszuwaschen in der Lage ist [17]. In der nachfolgenden Tabelle 2 sind die Ergebnisse der Untersuchungen und die Belichtungsergebnisse aufgeführt.

Es ist eindeutig festzustellen, daß zwar durch Waschbehandlungen, insbesondere unter Verwendung von Oxalsäure, der Mn-Gehalt im PA herabgesetzt wird. Die Veränderung des Stabilisatorgehaltes steht jedoch in keinem Zusammenhang mit der Verminderung der Lichtbeständigkeit, die bei der Behandlung mit Oxalsäure auftritt.

Diese Ergebnisse werden durch die unter 3.1 und 3.2 aufgeführten bestätigt und weisen auf die besondere Wirkung der Oxalsäure hin.

Tabelle 2. Veränderung des Mn-*Gehaltes von* PA-S-lb *durch verschiedene Waschbehandlungen und Einfluß auf die Lichtbeständigkeit*

Vers. Nr.	Viskosität η_{rel}*)	Mattierungsmittel		Lichtstabilisator			Ergebnisse der Waschbehandlungen				
							Mn-Gehalt			Xenotestergebnisse	
		Art	Menge %	Art	zugesetzte Menge ppm	gefundene Menge ppm	neutr.	alkal.	sauer	$P_{B,x200}$ neutral	$P_{B,x200}$ sauer
272	2,68	AD*)	0,4	$Mn_2P_2O_7$	250	241	238	239	222	91	36
274	2,54	G6/165*)	0,4	Mn im TiO_2 enthalten	20	20,2	17,4	18,6	14,6	87	34
5 GE	2,54	AVF*)	0,4		7,5	7,3	6,7	nicht bestimmt	5,8	90	32

*) TiO_2-Pigmente der Fa. „Kronos AG"

Versuchsbedingungen: Flotte 1:40, $T = 60\,°C$; $t = 30$ min; 10 min mit H_2O spülen
Waschflotte neutral: 1 g/l THM Schkopau W-ON,
sauer: 0,5 g/l Oxalsäure + 1 g/l THM Schkopau W-ON,
alkalisch: 0,25 g/l N_2CO_3 + 1 g/l THM Schkopau W-ON.
Xenotestbelichtung nach TGL 142-2043

3.4. *Einfluß der Säurekonzentration der Waschflotte auf die Lichtbeständigkeit*

Für den hydrolytischen Abbau des Polymeren ist die Konzentration der Säure ein ausschlaggebender Faktor [3 bis 7]. Deshalb wurde für die den Lichtabbau am stärksten fördernden Säuren der Konzentrationseinfluß untersucht. Die Ergebnisse sind in den Bildern 2a und 3a graphisch dargestellt. Man erkennt eindeutig, daß sowohl bei Anwendung von H_2SO_4 als auch $(COOH)_2$ der Abbau durch Belichtung von der Konzentration abhängig ist. Dabei schädigt Oxalsäure stärker als H_2SO_4 gleicher Konzentration.

Nun interessierte es, ob durch eine nachfolgende Wäsche mit H_2O und NaOH die Säure wieder entfernt und damit der schädigende Faktor beseitigt werden kann. Die Ergebnisse sind in den Bildern 2b und 3b dargestellt. Hier ist bemerkenswert, daß die durch unterschiedliche Konzentrationen bewirkte unterschiedliche Schädigung bei Oxalsäure durch die Behandlung mit Wasser vereinheitlicht und damit z. T. verringert bzw. erhöht wird. Bei H_2SO_4 kann eine derartige Beeinflussung nicht festgestellt werden.

Eine Neutralisation mit NaOH im Anschluß an die Säurebehandlung war ohne merklichen Einfluß auf die Lichtschädigung, die durch die saure Wäsche hervorgerufen wird.

4. *Diskussion der Versuchsergebnisse*

Die beim Auftreten der ersten Lichtschädigung von Gebrauchsartikeln PA-S-lb zunächst geäußerten Vermutungen, daß die Auswaschbarkeit des Lichtstabilisators dafür verantwortlich sei, konnte durch die hier beschriebenen Untersuchungen nicht bestätigt werden.

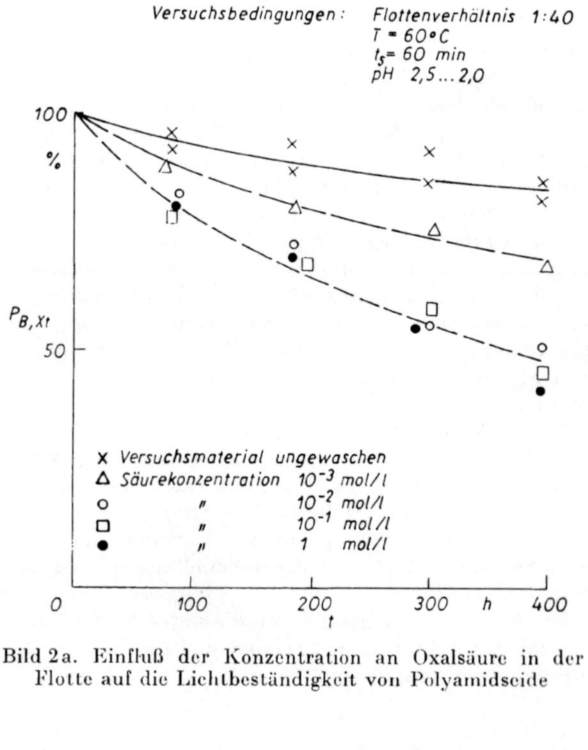

Bild 2a. Einfluß der Konzentration an Oxalsäure in der Flotte auf die Lichtbeständigkeit von Polyamidseide

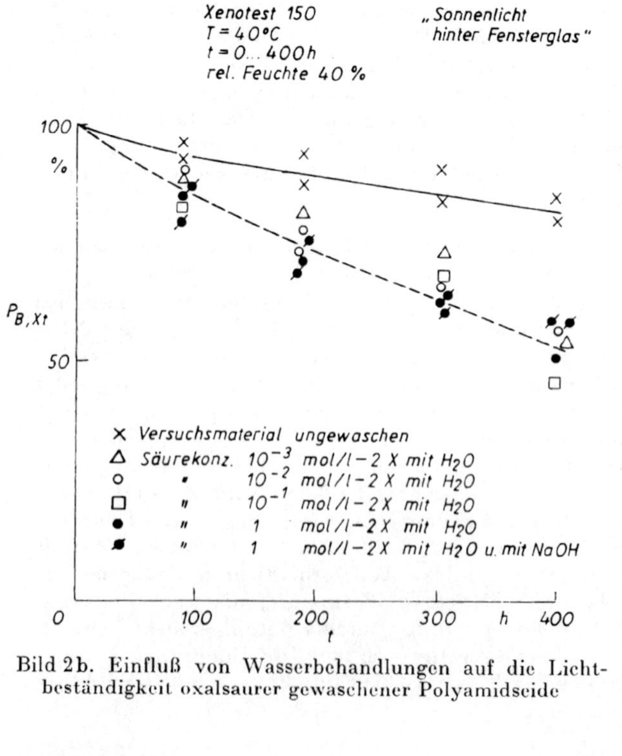

Bild 2b. Einfluß von Wasserbehandlungen auf die Lichtbeständigkeit oxalsaurer gewaschener Polyamidseide

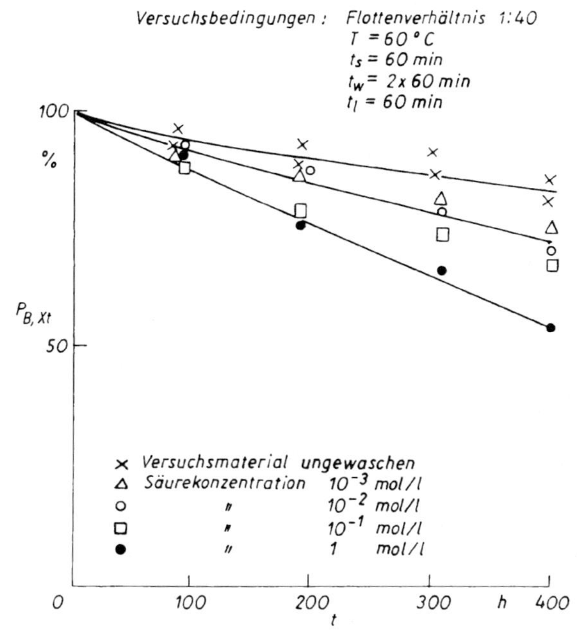

Bild 3a. Einfluß der Konzentration an Schwefelsäure in der Flotte auf die Lichtbeständigkeit von Polyamidseide

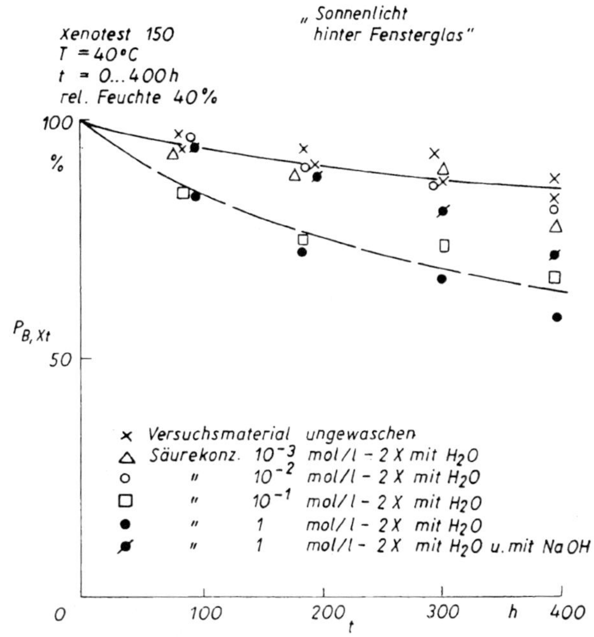

Bild 3b. Einfluß von Wasserbehandlungen auf die Lichtbeständigkeit schwefelsaurer gewaschener Polyamidseide

Auch die von *Scheller* und *Körner* [18] mitgeteilte Anreicherung von Fe-Salzen durch die Waschbehandlungen kann nach den vorliegenden Untersuchungen nicht als Hauptursache der Sensibilisierung betrachtet werden. Unsere Versuche bestätigen vielmehr die Vermutung, daß die Oxalsäure allein schon einen schädigenden Einfluß auf das Polymere ausübt.

Eine direkte Hydrolyse durch die Säureeinwirkung kann ausgeschlossen werden, da sich diese sowohl in der Lösungsviskosität als auch in den textilen Werten (Reißfestigkeit und Dehnung) bemerkbar gemacht hätte und zum anderen die Abbaukurven für den Lichtabbau nicht von den üblichen Kurven unbehandelter Materialien abweichen. Vielmehr kann angenommen werden, daß eine Reaktion gemäß der von *Weiske* [19] für die Hydrolyse vorgeschlagenen Formulierung abläuft:

$$H^+ + R'{-}CONH{-}R \rightleftharpoons R'{-}CO(NH)_2^+{-}R, \quad (1)$$

$$R'{-}CO(NH_2)^+{-}R \xrightarrow{H_2O} R'{-}COOH + R{-}NH_2 + H^+. \quad (2)$$

Daran schließt sich die Umsetzung des Amins mit dem Säurerest an

$$R{-}NH_2 + HX \rightarrow R{-}(NH_3)^+ X^-. \quad (3)$$

Die Schritte (2) und (3) laufen unter den angewandten Reaktionsbedingungen nicht sofort ab. Für die sensibilisierende Wirkung der Säuren dürfte die Einlagerung der Säureanionen zwischen die Polyamidketten bedeutend sein. Der gesamte Vorgang der Säureeinlagerung ist als Diffusion stark konzentrations- und temperaturabhängig, wodurch die Zusammenhänge zwischen Säurekonzentration und Lichtabbau erklärt werden können. Nimmt man dazu noch eine salzartige Bindung der Säurereste im Polymeren an, so ist auch die Wirkungslosigkeit der nachfolgenden Waschbehandlung und Neutralisation zu verstehen. Da durch die Säureeinlagerung der erste Schritt der Hydrolyse abgelaufen ist, kann die Reaktion bei weiterer Energiezufuhr entsprechend Gleichung (2) verlaufen. Als eine derartige Energiequelle muß hier die Strahlung des Xenotestgerätes in Betracht gezogen werden.

Für die überaus hervorstehende Sensibilisierung des Lichtabbaus durch Oxalsäure muß noch ein weiterer Faktor berücksichtigt werden. Bekanntlich wird Oxalsäure als Sensibilisator in Aktinometern eingesetzt.

Schlußfolgernd aus diesen Ergebnissen muß festgestellt werden, daß Artikel aus PA-S oder diese selbst keinesfalls mit Säuren behandelt werden sollten, insbesondere aber niemals mit Oxalsäure in Berührung kommen dürfen, da damit sowohl die Licht- als auch die thermooxydative Beständigkeit sehr stark herabgesetzt wird.

Literatur

[1] *Loasby, G.:* Nylon yarn and its possibilities. J. Textile Inst. **34** (1943) S. P45–P63.
[2] *Luck, W. A. P.:* Über die Säureaufnahme von Polyamid. Z. Elektrochemie **65** (1961) S. 706–711.
[3] *Slott, P. H.:* Dyeing of nylon fibers. Amer. Dyestuff Rep. **20** (1939) S. 582–590.
[4] *Remmington, W. R.,* und *Cladding, E. K.:* Aufnahme saurer Farbstoffe von Nylon. J. amer. chem. Soc. **72** (1952) S. 2553–2558.
[5] *Mankaš, E. K.,* und *Pakšver, A.:* Hydrolytischer Abbau von Polyamiden in heterogenen Medien. Ž. fizič. Chimii (Z. physik. Chem.) **25** (1951) S. 468–471.
[6] *Hünlich, R.:* Über die Eigenschaften des Nylons. Reyon, Zellwolle **30** (1952) S. 122–132.
[7] *Anders, H.:* Über das Verhalten von Perlon in chemischen Agentien. Textil-Praxis **9** (1954) S. 174–177.
[8] *Kratzsch, E.* und *Hendrix, H.:* Zur Untersuchung von Licht- und Säureschäden bei Polyamidfasern. Melliand Textilber. **45** (1964) S. 1129–1133.
[9] *Bhatt, N. J.,* und *Daruwalla, E. H.:* Studies in the mechanism of polyamide. Fibers with acid dyes. Textile Res. J. **34** (1964) S. 435–444.

[10] *Calin, C.:* Allgemeine Betrachtungen über die Einwirkung von Gerbstoffen auf Polyamidfasern. Textil-Praxis **20** (1965) S. 835–841.
[11] *Schuller, E.,* und *Wünsch, E.:* Untersuchungen zum chemischen Verhalten von Chemiefaserstoffen. Mitt. Inst. Textiltechnol. Chemiefasern, Rudolstadt **3** (1959) S. 87–94.
[12] *Schwertassek, K.:* Das Fixieren von PA-6-Fasern mit kochenden Quellmittellösungen. Textil-Praxis **20** (1965) S. 136–142.
[13] *Jijima, T.,* und *Ikeda, S.:* Diffusion von H_2SO_4 in Nylon 6. Angew. makromol. Chemie, Basel **14** (1970) S. 177–185.
[14] *Henßler, W.:* Unveröffentlichte Arbeiten CFW Schwarza.
[15] *Winkler, F.,* und *Schmidt, F.:* Zusammenhänge zwischen natürlicher und künstlicher Belichtung von Synthese-seiden. Dt. Textiltechnik **20** (1970) S. 721–730.
[16] *Praeger, K.:* Ein Beitrag zur Bestimmung von Mangan in lichtstabilisierten Polyamidfaserstoffen und -textilien. Faserforsch. u. Textiltechnik **18** (1967) S. 295–297.
[17] *Flath, H.:* Abschlußbericht TU Dresden, AG Textilchemie 1966.
[18] *Scheller, M.* und *Körner, K.:* Einfluß der Wäsche auf die Lichtbeständigkeit von Polyamidseide. Dt. Textiltechnik **20** (1970) S. 582–584.
[19] *Weiske, C. D.:* Chemische Beständigkeit und Spannungsrißkorrosion von Polyamiden. Kunststoffe **54** (1964) S. 626–634.

Eingegangen am 26. November 1973

Neue Methoden zur UV-spektrophotometrischen Bestimmung des Gesamt- und Oberflächenoligomerengehaltes von Polyestermaterialien

Bernhard Bogatzki und Barbara Nittka
VEB Chemiefaserwerk „Friedrich Engels", Premnitz

DK 678.674:547.126p ≧ 10:678.012:543.42.062

Es werden UV-spektrophotometrische Methoden zur Erfassung des Gesamt- und Oberflächenoligomerengehaltes von verschiedenen Polyestermaterialien beschrieben. Bei diesen Methoden wird bewußt auf eine vorherige chromatographische Abtrennung von Begleitsubstanzen bzw. auf die chromatographische Isolierung bestimmter Oligomerer verzichtet. Die sich durch anwesende Präparationsmittel und/oder Farbstoffe ergebenden Störmöglichkeiten werden diskutiert. Es wird eine Gegenüberstellung der nach einer Extraktions- und Umfällvariante erhaltenen Werte des Gesamtoligomerengehaltes vorgenommen.

Новые методы УФ-спектрофотометрического определения общего и поверхностного содержания олигомеров в полиэфирных материалах

Описываются методы УФ-спектрофотометрического определения общего и поверхностного содержания олигомеров в различных полиэфирных материалах. При применении этих методов предварительное хроматографическое удаление примесей или хроматографическое выделение определенных олигомеров сознательно не проводится. Обсуждаются возможности получения искаженных результатов из-за наличия замасливателей и/или красителей. Приводится сопоставление результатов, полученных описанными методами, с таковыми, полученными при применении других методов (экстракция, переосаждение).

New UV Spectrophotometric Methods for the Determination of the Overall and Surface Oligomer Content of Polyester Products

UV spectrophotometric methods for the determination of the overall and surface oligomer content of various polyester products are described. In these methods the preceding chromatographic separation of by-products or isolation of certain oligomers was purposely abandoned. The disturbances arising possibly from lubrification agents and dyes are discussed. The overall oligomer content determined by extraction and reprecipitation techniques is compared.

1. *Zielstellung*

In letzter Zeit wurde mehrfach darüber berichtet, daß das Vorhandensein von Oligomeren in handelsüblichen Polyäthylenterephthalatfasern zu Schwierigkeiten in der textilen Weiterverarbeitung führen kann [1 bis 6]. Mit dem dadurch bedingten allgemeinen Bekanntwerden dieses Zusammenhanges verstärkt sich jedoch auch die Tendenz, als Ursache aller Störungen in der textilen Weiterverarbeitung einen „zu hohen Oligomerengehalt" anzusehen. Daher bestand die Aufgabe, zum Auffinden tatsächlicher Störeinflüsse möglichst einfache, zugleich aber auch genaue Methoden zur quantitativen Bestimmung des Gesamt- und Oberflächenoligomerengehaltes zu erarbeiten.

2. *Literaturübersicht zur Oligomerenbestimmung*

Der Gehalt an Oligomeren in handelsüblichen Polyäthylenterephthalatfasern (PÄ-F) wird mit 1,3 bis 4 Masse-% [1, 7 bis 10] recht unterschiedlich angegeben.

Diese unterschiedlichen Gehaltsangaben lassen sich nach [1, 9, 10] durch die Anwendung unterschiedlicher Extraktionsmethoden, aber auch durch die Vorgeschichte des Polyesters erklären.

Im extrahierten Oligomerengemisch überwiegen die cyclischen Oligomeren. Allein auf das cyclische Trimere entfallen nach [7, 9] 90 bis 95%. *Valk, Loers* und *Küppers* [7] weisen darauf hin, daß es für eine exakte Erfassung des Störeinflusses der Oligomeren sinnvoll ist, zwischen Oberflächen- und Gesamtoligomerengehalt zu unterscheiden. Als Oberflächenoligomerengehalt wird dabei von ihnen der Anteil an Oligomeren verstanden, der mit kaltem Dioxan von der Faser abgelöst werden kann. Der Gesamtoligomerengehalt dagegen wird durch den Anteil definiert, der sich während mehrerer Stunden in siedendem Dioxan aus der Faser herauslösen läßt. *Werner* [6] bezeichnet den mittels siedendem Trichloräthylen extrahierbaren Substanzanteil als Oligomerengehalt.

Für den qualitativen Nachweis von Oligomeren werden in der Literatur verschiedene dünnschichtchromatographische Verfahren angegeben [3, 11, 12, 13]. Als Fließmittel werden u. a. Tetrahydrofuran/Ammoniak; Chloroform/Äthylalkohol für die linearen Oligomeren und Benzol/Dioxan; Toluol/Essigester für die cyclischen Oligomeren angewendet. Ebenso bekannt sind auch gelchromatographische Methoden [3, 14], die für den qualitativen Nachweis geeignet erscheinen. Die dünnschichtchromatographischen Verfahren sind prinzipiell auch für den quantitativen Nachweis anwendbar. So arbeiten *Kusch* und *Böhm* [1] mit einem Dünnschicht-Chromatogramm-Spektralphotometer. Die Bestimmung erfolgt auf dem Wege der indirekten Absorptionsmessung über die Fluoreszenzminderung des Fluoreszenzindikators in der Meßanordnung Strahlenquelle/Probenempfänger unter bezug auf mitgelaufene Eichflecke.

Wuntke [12] wendet ein Verfahren an, nach dem an den entsprechenden Stellen des Dünnschichtchromatogramms die Oligomeren mit dem Trägermaterial ausgestochen, erstere verseift, die Salze anschließend in Terephthalsäure (TPA) überführt werden und die TPA aus ihrer Dimethylformamidlösung mit Blei(II)-acetat gefällt und das Bleisalz gravimetrisch bestimmt wird.

Dorman-Smith [13] trennt ebenfalls die Oligomeren dünnschichtchromatographisch. Ihre quantitative Bestimmung nimmt er durch Abheben der markierten Stellen von der Trägerplatte, Lösen der Oligomeren in Methanol (!?) und der anschließenden UV-spektrophotometrischen Bestimmung bei der Wellenlänge $\lambda = 240$ nm vor.

Auch *Valk, Loers* und *Küppers* [7] berichten, daß sich die Oligomeren quantitativ UV-spektrophotometrisch bestimmen lassen. Sie verweisen u. a. auf die Notwendigkeit der Abtrennung von störenden Begleitsubstanzen, z. B. durch Chromatographie. Ihre Mitteilung enthält zwar die UV-Absorptionskurve und eine Eichkurve für das cyclische Trimere, doch fehlen Einzelheiten (wie z. B. Meßwellenlänge) für die Durchführung der erwähnten quantitativen Bestimmungsmethode. Aus der Veröffentlichung von *Seidel* [15] kann ergänzend zu [7] entnommen werden, daß die Absorptionsmaxima aller Oligomeren bei $\lambda = 242$ und $\lambda = 286$ nm liegen. In ihr sind die entsprechenden dekadischen Extinktionskoeffizienten der wichtigsten Oligomeren des Polyäthylenterephthalats angegeben.

3. *Ausgangspunkt für eigene analytische Untersuchungen*

Die erwähnten quantitativen dünnschichtchromatographischen Verfahren erscheinen uns für unsere Zwecke aus folgenden Gründen wenig geeignet:

a) sind sehr aufwendig (das Verfahren von *Wuntke* hinsichtlich seines Zeit-, das von *Kusch* und *Böhm* hinsichtlich seines Gerätebedarfs);
b) ihre Reproduzierbarkeit (sie liegt günstigenfalls bei dem angegebenen Verfahren von *Wuntke* um 15%; in Kombination mit einem polarographischen Verfahren um 8 bis 9% [12]) erschien uns für unsere Zwecke zu gering;
c) sie liefern zwar den Gehalt an einzelnen, bestimmten Oligomeren, für uns war aber die möglichst exakte Kenntnis der Summe der Oligomeren von größerer Bedeutung.

Eine einfache gravimetrische Bestimmung der Summe aller Oligomeren nach der Dioxanbehandlung ist nur für unpräparierte Fasern möglich, nur bedingt dagegen für präparierte Fasern. Ein Verfahren zur quantitativen Trennung von Präparationsmitteln — die zudem recht unterschiedlicher chemischer Natur sind — und Oligomeren ist bisher nicht bekannt und dürfte auf einfache Art und Weise auch nicht zu realisieren sein. Ein Nachteil gravimetrischer Verfahren ist darüber hinaus, daß sie für Serienbestimmungen hinsichtlich ihres Lösungsmittelbedarfs recht aufwendig sind. Mit Bezug auf die Arbeiten von [7] hielten wir die Anwendung der UV-Spektrophotometrie als für die Lösung unserer Probleme am erfolgversprechendsten. Mit entscheidend für die Festlegung auf diese Methode waren folgende Erkenntnisse:

Rechnet man die bei *Seidel* [15] angegebenen Werte der Extinktionskoeffizienten der Oligomeren in die Einheit [$l \cdot g^{-1} \cdot cm^{-1}$] um, dann ergeben sich für alle Oligomeren recht ähnliche Werte. Berücksichtigt man weiterhin, daß in dem durch Extraktion erhaltenen Oligomerengemisch das cyclische Trimere dominiert [7, 9], so läßt sich ziemlich eindeutig ein mittlerer Extinktionskoeffizient festlegen. Man kann dadurch auf die Aufnahme entsprechender Eichkurven verzichten. Wir legten für unsere quantitativen UV-spektrophotometrischen Bestimmungen einen mittleren Extinktionskoeffizienten von $\bar{\varepsilon}_{286} = 9{,}0\ l \cdot g^{-1} \cdot cm^{-1}$ zugrunde.

4. *Allgemeine Beschreibung der durchgeführten analytischen Untersuchungen*

4.1. *UV-spektrophotometrische Bestimmung des Gesamtoligomerengehaltes nach Lösen mit siedendem Dioxan (Methode A)*

Wir begannen unsere Untersuchungen mit der Lösung des einfachsten Problems — der Bestimmung des Gesamtoligomerengehaltes von unmittelbar nach der Spinndüse entnommenen Proben. Aus diesem fadenförmigen, ungereckten und unpräparierten Material, das im weiteren Text als Spinngut bezeichnet wird, sollten sich die Oligomeren leicht mit Dioxan extrahieren lassen. Wir fanden, daß das Herauslösen der Oligomeren aus dem Spinngut beim Kochen mit Dioxan unter Rückfluß schneller vonstatten geht als durch Extraktion mit Dioxan im Soxhlet. Eine Einwirkungszeit des siedenden Dioxans auf das Spinngut von 4 h erwies sich als ausreichend, denn nach weiteren 16 h Rückflußkochen nahm der Wert für den Gesamtoligomerengehalt bei einer Mehrfachbestimmung nur um 0,07 Masse-% Oligomere ($\triangleq$ etwa 3% rel.) zu (vgl. dazu auch Bild 1).

Mit dem unter 5.1 beschriebenen Verfahrensgang für die Methode A wurden erhalten:

Spinngutprobe 1: bei einer Extinktion $E \sim 0{,}4$ und $n = 8$:

$$\bar{x} = 2{,}20 \text{ Masse-\% Gesamtoligomere,}$$
$$s = \pm 0{,}046 \text{ Gesamtoligomere,}$$
$$v = \pm 2{,}1\% \text{ rel.}$$

(n = Anzahl der Bestimmungen, $\bar{x}$ = Mittelwert, s = Standardabweichung und v = Variationskoeffizient).

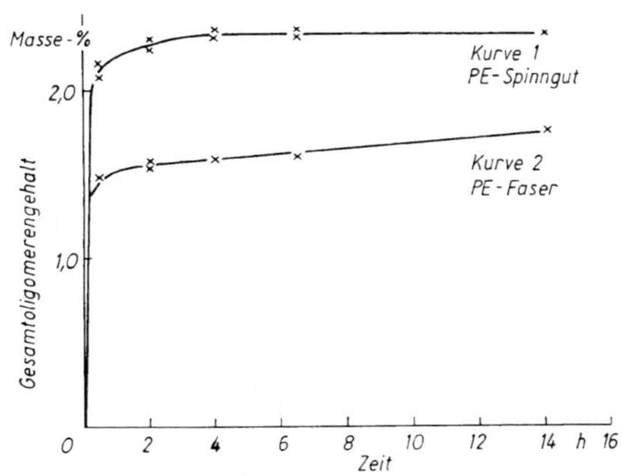

Bild 1. Abhängigkeit der durch Sieden des Dioxans herausgelösten Oligomeren von der Kochzeit

Zur Bestätigung der mit dem UV-spektrophotometrischen Verfahren erhaltenen Werte bestimmten wir den Oligomerengehalt gravimetrisch, indem wir nach Filtration durch eine G-5-Fritte das Dioxan zuerst unter Normaldruck und dann im Vakuum abdampften. Wir fanden eine gute Übereinstimmung. Bei einer durchschnittlichen Nettomasse von 50 mg Oligomere ergab sich für $n = 8$:

$\bar{x} = 2{,}19$ Masse-% Gesamtoligomere,
$s = \pm 0{,}09$ Gesamtoligomere,
$v = \pm 4{,}1\%$ rel.

4.2. UV-spektrophotometrische Bestimmung des Gesamtoligomerengehaltes nach Lösen in Tetrachloräthan/Dioxan (Methode B = Umfällmethode)

Die Anwendung der am *Spinngut* erarbeiteten Bedingungen für die Bestimmung des Gesamtoligomerengehaltes von *PÄ-Fasern gleicher Herkunft*, also von gerecktem, thermofixiertem Material, führte uns zu der Schlußfolgerung, daß nach 4 h Kochen mit Dioxan noch nicht alle Oligomeren herausgelöst sein können. Weitere Messungen ergaben, daß im Gegensatz zum Spinngut die Kurve, die die Abhängigkeit der durch siedendes Dioxan herausgelösten Oligomeren von der Kochzeit widerspiegelt, einen anderen Verlauf hat (siehe Bild 1; vgl. zum Verlauf der Kurve auch mit [7]).

Eine Rückkehr zum Soxhletextraktionsverfahren brachte auch keinen günstigeren — sondern im Gegenteil, wie nunmehr erwartet — einen noch ungünstigeren Verlauf der Kurve (2). Selbst nach 72 h Extraktion lag der gefundene Oligomerengehalt für eine Faserprobe, bei der nach dem unter 5.2 beschriebenen Verfahren 2,3 Masse-% gefunden wurden, erst bei 1,7%. Es erschien uns deshalb unzweckmäßig, über eine weitere Verlängerung der Einwirkungszeit von siedendem Dioxan den „wahren" Oligomerengehalt erfassen zu wollen. Wir begründeten das damit, daß nach dem Recken und Thermofixieren des ursprünglichen Spinngutes die Polyestermoleküle in einem relativ gut geordneten Zustand vorliegen, so daß eine Diffusion der Oligomeren im Inneren des nunmehr vorliegenden Fasermaterials und ihr Austritt aus der Faser erschwert sind (vgl. dazu auch [1, 7]).

Eine bessere Möglichkeit, den „wahren" Oligomerengehalt der ÄP-Fasern zu erfassen, sahen wir darin, die Struktur des PÄT „aufzulockern". Eine Auflockerung durch Aufschmelzen und Abschrecken schied aus, da hierbei das Oligomerengleichgewicht beeinflußt werden kann. Als „Auflockerungsvariante" geeignet erschien jedoch, das PÄT zusammen mit den Oligomeren zu lösen, beide anschließend zu fällen und danach (evtl. nach dem Entfernen des Lösungsmittels) die Oligomerenbestimmung analog zum Spinngut durch Kochen mit Dioxan unter Rückfluß vorzunehmen. Als geeignetes Lösungsmittel, das zudem nicht entfernt zu werden brauchte, erwies sich reines Tetrachloräthan (TCÄ).

Wir wendeten nach einigen vorausgegangenen Änderungen schließlich folgendes Verfahren an:

PÄ-F wurde kurzzeitig durch wenig siedendes TCÄ gelöst oder angelöst; nach dem Abkühlen wurde zunächst etwas Dioxan hinzugefügt, um das PÄT auszufällen, 30 min unter Rückfluß gekocht, um evtl. mitgerissene Oligomere zu lösen, wieder abgekühlt (Stadium A) und anschließend, um eine quantitative Fällung des hochmolekularen PÄT zu erreichen, mit Dioxan weiter verdünnt (Stadium B); das Endverhältnis Dioxan zu TCÄ betrug dabei ca. 60:1. Nach ca. 1- bis 3tägigem Stehenlassen der Suspension (unserer Meinung nach noch notwendig wegen der Nachfällung der Pleionomeren) wurde filtriert und die UV-Absorption gegen eine analog behandelte Vergleichsprobe gemessen.

Wir ermittelten:

für den Störeinfluß infolge thermischer Zersetzung der Lösungsmittel (Extinktion gemessen bei der Wellenlänge $\lambda = 286$ nm gegen eine analoge, nicht thermisch behandelte Probe in 4-cm-Küvetten) E_{korr} 286 nm, 4 cm, Stadium $B = 0{,}002$ bis 0,008 entsprechend $\sim$0,005 bis 0,02 Masse-% Oligomere;
für den „Störeffekt" der unserer Meinung nach sich vollziehenden „Nachfällung" der Pleionomeren nach drei Tagen Standzeit z. B. eine Veränderung von 2,38 auf 2,35 Masse-% Oligomere und von 2,52 auf 2,32 Masse-% Oligomere.

Mit dem unter 5.2 beschriebenen Verfahrensweg für die Methode B wurde erhalten:

für die jeweils an verschiedenen Tagen analysierte Spinngutprobe
Spinngutprobe 1: bei $n = 9$:

$\bar{x} = 2{,}30$ Masse-% Gesamtoligomere,
$s = \pm 0{,}14$ Gesamtoligomere,
$v = \pm 6{,}1\%$ rel.;

für die über die Abweichung der Werte von Doppelbestimmungen berechnete Standardabweichung s

$s = \pm 0{,}06$ Masse-% Gesamtoligomere

(bei neun Faserproben verschiedener Herkunft, deren Gesamtoligomerengehalt zwischen 2,3 und 2,5 Masse-% betrug);
für pillingarme Typen in- und ausländischer Produktion gesichert höhere Oligomerengehalte (bis zu 2,8 Masse-% Gesamtoligomere).

Ist der Extinktionskoeffizient ε_{286} [in $l \cdot g^{-1} \cdot cm^{-1}$] der eingesetzten Präparationsmittel — wie es bei uns der Fall war — wenigstens um eine Größenordnung kleiner als der der Oligomeren, so brauchen die Faserproben vor der Messung nicht entpräpariert zu werden. Bei der Bestimmung des Oligomerengehaltes von Faserproben, bei denen andere Präparationsmittel aufgetragen sind (z. B. mit aromatischen Strukturelementen), empfiehlt es sich, das Fasermaterial — je nach dem Ergebnis entsprechender Vorversuche — vorher mit Petroläther, Methanol oder mit Wasser von Raumtemperatur zu waschen und danach die Lösungsmittelreste im Vakuum abzudampfen.

4.3. Bestimmung des Oberflächenoligomerengehaltes (Methode C)

Valk, *Loers* und *Küppers* [7] schlagen für die Erfassung des Oberflächenoligomerengehaltes 1 bis 2 min Schütteln mit kaltem Dioxan vor. Auch bei längeren Behandlungszeiten soll kein wesentlicher Anstieg im Oligomerengehalt zu beobachten sein.

Wir konnten bestätigen, daß bei längerem Schütteln des Fasermaterials der gemessene Oberflächenoligomerengehalt weitgehend konstant bleibt. Es ergaben sich z. B. für eine Faserprobe in Abhängigkeit von der Schüttelzeit folgende Mittelwerte $\bar{x}$ des Oberflächenoligomerengehaltes:

Schüttelzeit in min:	10	30	60
$\bar{x}$ in Masse-% Oberflächenoligomere:	0,035	0,038	0,038.

Es erwies sich bei den von uns untersuchten Proben als überflüssig, die Präparationsmittel abzutrennen, da entweder ihr Störeinfluß für die UV-spektrophotometrische Bestimmung bei $\lambda = 286$ nm vernachlässigbar gering war oder dadurch ausgeschaltet werden konnte, daß (im Falle einer anderen aufgetragenen Präparation) bei $\lambda = 294$ nm (mit $\bar{\varepsilon}_{294\,\mathrm{Olig}} = 7{,}65\ \mathrm{l \cdot g^{-1} \times cm^{-1}}$) gemessen wurde.

Mit dem unter 5.3. beschriebenen Verfahrensgang wurde für eine bestimmte Faserprobe erhalten:

Faserprobe 1 bei $n = 8$:

$\bar{x} = 0{,}038$ Masse-% Oberflächenoligomere,
$s = \pm 0{,}03$ Oberflächenoligomere,
$v = \pm 7{,}5\%$ rel.

Bei den von uns untersuchten Faserproben wurden je nach Herkunft und Vorbehandlung Oberflächenoligomerengehalte zwischen 0,01 und 0,30 Masse-% bestimmt. Bei Spinngutproben lag der Wert zwischen 1,0 und 1,9 Masse-%.

5. *Detaillierte Beschreibung der angewandten Methoden, der verwendeten Chemikalien und Geräte*

5.1. *Methode A*

Ca. 3 g der Polyesterprobe werden auf ± 1 mg genau in einen 250-ml-Standkolben mit Schliff eingewogen und genau 150 ml gereinigtes Dioxan (vgl. später) zugegeben. Der Kolben wird mit einem Rückflußkühler versehen, der ein Bunsenventil oder ein mit Ätzkali gefülltes Trockenröhrchen trägt. Nach 4 h Sieden unter Rückfluß temperiert man den Inhalt des Kolbens auf 20 °C, entnimmt mit der Pipette 10 ml, verdünnt im Verhältnis 1 : 5 mit Dioxan und filtriert die nur noch schwach trübe Lösung durch eine G-5-Fritte. Anschließend wird die Extinktion der Lösung bei $\lambda = 286$ nm in 0,5-cm-Quarzküvetten gegen analog behandeltes reines Dioxan gemessen.

5.2. *Methode B (Umfällmethode)*

Ca. 0,3 g PÄ-Fasern (oder allgemein zerkleinertes PÄT) werden in einen sorgfältig gereinigten und getrockneten 100-ml-Erlenmeyer (NS 29) auf $\pm 0{,}1$ mg genau eingewogen und 10 ml gereinigtes (vgl. später) TCÄ zugegeben. Man kocht unter Rückfluß bis zum Erreichen einer klaren Lösung oder homogenen Suspension (max. 10 min lang). Nach kurzem Abkühlen werden 25 ml gereinigtes Dioxan hinzugefügt und weiter 30 min lang unter Rückfluß gekocht. Anschließend wird mit gereinigtem Dioxan in einen 50-ml-Maßkolben überspült, aufgefüllt, temperiert und danach 2 ml entnommen. Diese werden mit gereinigtem Dioxan auf 25 ml verdünnt. Nach genau festgelegter Standzeit innerhalb der Grenzen von ungefähr 24 bis 72 h filtriert man durch eine G-5-Fritte und mißt die Extinktion des Filtrats in 4-cm-Küvetten bei $\lambda = 286$ nm gegen eine analog angesetzte Bezugsprobe.

5.3. *Methode C*

Man gibt in einen 250-ml-Standkolben mit Schliff mittels Pipette 100 ml käufliches Dioxan und temperiert den Kolben mit Inhalt auf 25 °C. Danach wägt man ca. 3 g der Faserprobe auf ± 1 mg genau ab und gibt diese ebenfalls in den Kolben.

Der Kolben wird mit einem Glasstopfen verschlossen und 10 min lang geschüttelt.

Man entnimmt einen Teil der Dioxanlösung, filtriert diese durch eine G-5-Fritte und mißt die Extinktion der unverdünnten (bzw. bei höheren Oberflächenoligomerengehalten entsprechend verdünnten) Dioxanlösung bei $\lambda = 286$ nm in 4-cm-Küvetten[1]).

5.4. *Berechnung*

% Oligomere:

$$\frac{E \cdot V \cdot f \cdot 100}{d \cdot \varepsilon \cdot 1000 \cdot G} = \frac{E \cdot V \cdot f}{d \cdot \varepsilon \cdot G \cdot 10}$$

d = Küvettenstärke in cm,
E = Extinktionsmeßwert,
f = Verdünnungsfaktor,
G = Probeneinwaage in g,
V = Volumen Dioxan bzw. Tetrachloräthan + Dioxan in ml
ε = Extinktionskoeffizient für die Oligomerenmischung in $\mathrm{l \cdot g^{-1} \cdot cm^{-1}}$ bei der Wellenlänge $\lambda = 286$ nm bzw. $\lambda = 294$ nm:

$$\varepsilon_{286} = 9{,}0, \quad \varepsilon_{294} = 7{,}65.$$

5.5. *Verwendete Chemikalien und Meßgeräte*

1,4-Dioxan reinst, VEB Laborchemie Apolda

Für die Bestimmung des Gesamtoligomerengehaltes wurde das käufliche Dioxan zuerst entsprechend [16] gereinigt und im frisch getrockneten (über Molsieb A 5) und destillierten Zustand eingesetzt. Die UV-Durchlässigkeit des gereinigten Dioxans entsprach der des Dioxans UVASOL der Firma Merck, Darmstadt, sein H_2O-Gehalt betrug $< 10^{-2}$ Masse-%, sein Aldehydgehalt < 5 ppm.

Tetrachloräthan

1,1,2,2-Tetrachloräthan, VEB Laborchemie Apolda, wurde so lange mit konz. H_2SO_4 ausgeschüttelt, bis die Säure farblos blieb, mit Wasser, wäßriger Na_2CO_3-Lösung und schließlich wieder mit Wasser nachgewaschen, über Na_2SO_4 getrocknet und bei etwa 10^{-1} Torr fraktioniert. Sein Wassergehalt betrug $< 5 \cdot 10^{-3}$ Masse-%, seine UV-Durchlässigkeit bei $\lambda = 286$ nm war mit der des gereinigten Dioxans vergleichbar. Benutztes UV-Spektrophotometer: UNICAM SP 500/2.

6. *Diskussion*

Vergleicht man die für die Spinngutprobe 1 mit den verschiedenen Methoden erhaltenen Werte des Gesamtoligomerengehaltes, dann kann man die Übereinstimmung der Methoden als gut bezeichnen.

Für gerecktes, thermofixiertes Polyestermaterial (PÄ-Faserproben) werden jedoch mit der Methode *A*, selbst nach sehr langen Lösezeiten, erheblich niedrigere Oligomerengehalte gefunden als mit der Methode *B*. Diese niedrigen Werte sind technologisch nicht erklärbar. Wir leiten daraus die Schlußfolgerung ab, daß

[1]) Man sollte generell durch Wahl der Verdünnung bzw. der Küvettenschichtdicke versuchen, in den optimalen Meßbereich ($0{,}3 < E < 0{,}6$) zu gelangen. Für die Verfahren gem. 5.1 und 5.3 ist es möglich, den Dioxanverbrauch durch Einwaage geringerer Probemengen zu vermindern. Dabei sinkt jedoch naturgemäß die Reproduzierbarkeit.

bei der Behandlung der Fasern allein mit siedendem Dioxan nicht der gesamte Oligomerenanteil herausgelöst wird. Analoges dürfte für die Behandlung mit siedendem Trichloräthylen gelten. Hier zeigt demnach die Umfällmethode deutliche Vorteile. (Ähnliche Ergebnisse erhielt auch *Zahn* [17] bei der Oligomerenbestimmung im Polyamid nach einer Extraktions- und Umfällmethode.)

Ihre besonderen Vorzüge beweist die Umfällmethode bei der Verfolgung der Veränderung des Gesamtoligomerengehaltes in den einzelnen Verfahrensstufen der Polyesterfaserherstellung; der Untersuchung von Produkten der Vorkondensation bis zum versandfertigen Ballen.

Die Umfällmethode ist nur bei solchen gefärbten oder mattierten Fasern anwendbar, bei denen der Farbstoff, das Mattierungsmittel oder weitere Zusätze nicht in Dioxan löslich sind, d. h., bei denen diese nicht den Extinktionswert bei $\lambda = 286$ oder $\lambda = 294$ nm beeinflussen. In allen anderen Fällen versagt sie bzw. ist nur über die Kenntnis der Absorptionskurve der in Lösung gegangenen Komponenten mit entsprechend geringer Sicherheit für die Richtigkeit und geringerer Reproduzierbarkeit einsetzbar. (Die Auswertung muß dann über die Extinktionsmessung bei zwei oder mehreren Wellenlängen erfolgen.) Weitere Nachteile der Umfällmethode sind, daß verhältnismäßig viele Operationen durchzuführen sind und dementsprechend peinlich sauber und reproduzierbar gearbeitet und reine Lösungsmittel eingesetzt werden müssen.

Für den Erhalt sehr genauer Analysenresultate empfiehlt es sich deshalb, entweder die zu vergleichenden Proben durch eine Meßserie zu charakterisieren oder — bei einem großen Analysenumfang — jeweils für eine Meßserie eine Standardprobe mit einzusetzen und die Analysenwerte auf den Mittelwert der Doppelbestimmung dieser Standardprobe zu beziehen.

Das beschriebene Verfahren zur Bestimmung des Oberflächenoligomerengehaltes läßt sich auch beim Vorliegen gefärbter Fasern anwenden, da — zumindest bei den von uns untersuchten Proben — die aufgezogenen Farbstoffe bei der kurzzeitigen Behandlung mit kaltem Dioxan nicht oder nur vernachlässigbar gering gelöst werden. (Eine Kontrollmöglichkeit über eventuelle Störeinflüsse durch gelöste Farbstoffe ergibt sich über die Verhältnisbildung der bei zwei oder mehreren Wellenlängen gemessenen Extinktionswerte und dem Vergleich mit den Verhältniswerten für reine Oligomerenlösungen.)

7. *Zusammenfassung*

Zum Auffinden tatsächlicher Störeinflüsse von Oligomeren bei der Verarbeitung von Polyäthylenterephthalat-Fasern (PÄ-Fasern) wurden UV-spektrophotometrische Methoden zur Bestimmung des Gesamtoligomeren- und Oberflächenoligomerengehaltes erarbeitet.

Es wird herausgestellt, daß der wirkliche Gesamtoligomerengehalt von gerecktem und thermofixiertem PE-Material nicht durch einfache Extraktion, sondern nur durch Umfällung bestimmt werden kann.

Literatur

[1] *Kusch, P.*, und *Böhm, G.:* Der Einfluß einer thermischen Behandlung von Polyesterfasern auf die Wanderungsgeschwindigkeit. Textil-Praxis internat. **27** (1972) S. 485—487.

[2] *Rieber, M.:* Das Stauben von Fäden bei textilen Verarbeitungsprozessen. Z. ges. Textilind. **69** (1967) S. 847—852.

[3] *Senner, P.:* Mit Oligomeren leben. Vortrag auf der Chemiefasertagung in Dornbirn, 20. bis 23. 6. 1973.

[4] *Mlynarczyk, M.*, und *Janke, M.:* Die Oligomeren als Einflußfaktor für die Eigenschaften und die Verarbeitung von Garnen aus endlosen Polyesterfasern. Przegl. włókienn. (Textil-Rdsch.) **26** (1972) S. 102—104.

[5] Über den Stand der Untersuchungen zum Problem der Oligomeren bei der Veredlung von Polyesterfasern. Melliand Textilber. **53** (1972) S. 1053.

[6] Verfahren zur Herstellung gefärbter Polyesterfäden oder -fasern. DTO 2000359 vom 7. 1. 1970, Inh.: Glanzstoff AG Wuppertal.

[7] *Valk, G.*, *Loers, E.*, und *Küppers, P.:* Die Rolle von Oligomeren bei textilen Verarbeitungsprozessen von Polyesterfasern. Melliand Textilber. **51** (1970) S. 504—508.

[8] *Goodmann, J.*, und *Nesbitt, B. F.:* The structure and reversible polymerisation of cyclic oligomers from poly(ethyleneterephthalate). J. Polymer Sci. **48** (1960) S. 423—433.

[9] *Peebles, L. H.*, und Mitarbeiter: Isolation and identification of the linear and cyclic oligomers auf PET and the mechanism of cyclic oligomer formation. J. Polymer Sci., A-1: Polymer Chem. **7** (1969), S. 479—496.

[10] *Kusch, P.:* Zum Problem der Oligomerenbestimmung in Extrakten von Polyesterfasern. Textil-Praxis internat. **28** (1973) S. 96—98.

[11] *Heidemann, G.*, *Kusch, P.*, und *Nettelbeck, H. J.:* Zur Analyse polymerhomologer Reihen des Nylon 6, 6,6 und Polyäthylenterephthalats. Z. anal. Chemie **212** (1965) S. 401—406.

[12] *Wuntke, K.:* Absorptionschromatographische Analyse von Terephthalsäureestern und ihre Anwendung bei der Produktion von Polyäthylenterephthalat. Dissertation Greifswald 1972.

[13] *Dorman-Smith, V. A.:* Die Trennung einiger Polyäthylen-Terephthalat-Oligomere. J. Chromatogr. **29** (1967) S. 265—266.

[14] *Gueris, Ch.*, und *Meybeck, J.:* Präparative Chromatographie von Diololigomeren des Polyäthylenglykolterephthalats. Bull. soc. chim. France (1971) S. 2163 bis 2166.

[15] *Seidel, B.:* Spektroskopische Beobachtungen an linearen und zyklischen Oligoestern aus Terephthalsäure und Glykol. Z. Elektrochemie **62** (1958), S. 214—219.

[16] *Pestemer, M.:* Reinigung von Lösungsmitteln für spektroskopische Zwecke. Angew. Chemie **63** (1951) S. 118—122.

[17] *Zahn, H.:* Neuere Ergebnisse der Synthesefasergruppe im Deutschen Wollforschungsinstitut. Melliand Textilber. **53** (1972) S. 1317—1319.

Eingegangen am 28. November 1973

Kurze Mitteilungen[1]

Zur Aussage des „statischen“ E-Moduls synthetischer Fasern

DK 677.494.675:539.2:539.32:677.017.427:677.019.252:677.861.523

Die mechanischen Eigenschaften teilkristalliner Polymerer werden weitgehend durch die Beschaffenheit ihrer nichtkristallinen Strukturbereiche bestimmt. Diese näher zu charakterisieren, wurden zahlreiche Versuche mit verschiedenen Methoden, Röntgen-Feinstrukturanalyse [1, 2], Breitlinienkernresonanz [3, 4], Messung von Farbaufziehgeschwindigkeiten u. a., unternommen. Es liegt nahe, *mechanische* Eigenschaften selbst zu Rückschlüssen auf die Art der Molekülanordnungen außerhalb röntgenographisch nachweisbarer Kristallite heranzuziehen.

So vermag ein mit Schallfrequenz bestimmter „dynamischer“ E-Modul E_0 bei sehr kleiner Längsbeanspruchung orientierter Fasern unterhalb ihrer Glastemperatur ein Maß der mittleren Orientierung aller Molekülsegmente einschließlich der nichtkristallinen zu geben [5, 6, 7]. Beim Dehnen und Entspannen gereckter Polyamid(PA)-Fäden mit bereits hoch orientierten Kristalliten konnte die dabei gemessene Änderung von E_0 nahezu ausschließlich auf ein weitgehend reversibles Formieren *nicht*kristalliner Segmente zurückgeführt werden [7, 8].

Einen „statischen“ E-Modul E_∞ erhält man als Grenzwert

$$E_\infty(\varepsilon) = \lim_{t\to\infty} E_r(t, \varepsilon) \qquad (1)$$

des Relaxationsmoduls E_r bei festgehaltener Dehnung ε für große Beanspruchungszeiten t. t ist hinreichend groß gewählt, wenn E_r sich nur noch im Bereich seiner Fehlergrenzen ändert. Ein Festkörper, dessen $E_\infty \neq 0$ ist, kann rheologisch durch ein verallgemeinertes *Poynting/Thomson*-Modell beschrieben werden oder nach *Juilfs* [9] durch ein 3-Parameter-Modell mit variablen, vom Dehnungsgrad abhängigen Elementen (Bild 1).

Es zeigt sich, daß E_∞ sehr empfindlich auf Strukturänderungen reagiert, wie sie beispielsweise beim thermischen Schrumpf von Fasern oder allgemeiner bei deren Thermofixierung vorkommen. Als Beispiel gibt Tabelle 1 einige Zahlenwerte von PA-Fäden nach verschiedenen Behandlungen. Bei gleichem Orientierungsgrad erreicht PA 6.6 im allgemeinen etwas höhere Werte als PA 6.

Welche molekularen Parameter bestimmen nun E_∞? Bei nicht zu großen Zugbeanspruchungen werden die Kristallbausteine der PA-Fäden kaum in Mitleidenschaft geraten; die Rückstellkräfte werden von nichtkristallinen, in ihrer Konformation gestörten Molekülsegmenten aufgebracht [7, 9]. Mit anhaltender (konstanter) Probendeformation sorgen statistisch erfolgende Segmentplatzwechsel für einen allmählichen Abbau dieser Rückstellkräfte mit der Beanspruchungszeit bis auf einen kaum noch relaxierenden Rest. Relaxationsfähig sind vor allem, wenn wir uns auf die Moleküle innerhalb einer Faserfibrille beschränken, Segmente, die jeweils nur mit *einem* Kristallit verknüpft sind (Bild 1). Auch stärker geknäuelte „tie-Moleküle“ tragen noch zur Relaxation bei. Als Träger der Restspannung bleiben nur kürzere tie- oder verschlaufte Moleküle als „Kristallitbrücken“, die den „verspannten“, weniger beweglichen Teil der nichtkristallinen Bereiche [3] ausmachen.

Mit der Dehnung, bei der E_∞ festgestellt wird, wächst die Zahl der angespannten tie-Moleküle, daher steigt $E_\infty(\varepsilon)$ bis zu einem Maximum, dessen Lage — z. B. bei $10 \lesssim \varepsilon \lesssim 12\%$ für gereckte PA-6-Fäden [7, 9] — durch die beim Dehnen erreichte Fließspannung von Kristallbereichen bestimmt wird. Der Funktionsverlauf $E_\infty(\varepsilon)$ kann also Auskunft über die Segmentlängenverteilung der tie-Moleküle sowie auch über die Kristallitnachgiebigkeit geben.

[1] Die „Kurzen Mitteilungen“ erfolgen unter alleiniger Verantwortung der Verfasser

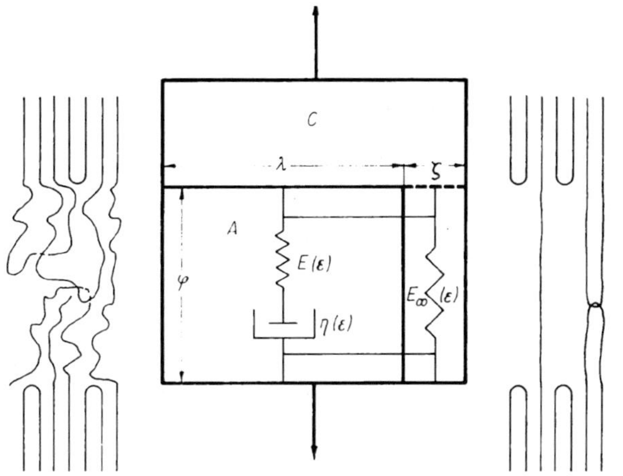

Bild 1. Primitivschema der Spannungskopplung zwischen Kristall (C)- und amorphen (A) Bereichen nach *Takayanagi* [17]. Mit „amorph“ seien hier die beweglicheren Teile der röntgenographisch nichtkristallinen Bereiche charakterisiert. Mit einer relativen Längserstreckung φ wechseln sie „in Serie“ mit den als starr angesehenen Kristalliten, mit einer Häufigkeit λ mit „parallel geschalteten“ Kristallitbrücken (gespannten tie-Molekülen im Anteil $\zeta = 1 - \lambda$). Die mechanischen Eigenschaften der nichtkristallinen Bereiche ($\varphi \cdot (\lambda + \zeta)$) sind durch ein nichtlineares *Poynting/Thomson*-Modell mit deformationsabhängigen Elementen (gemäß *Juilfs* [9]) wiedergegeben (ε = Dehnung). Eine molekulare Interpretation ist symbolisch angedeutet.

Tabelle 1. Statischer E-Modul E_∞ von PA-Fäden (im Normklima 21°C, 65% rel. Luftfeuchte)

Probe	Vorbehandlung	PA 6	PA 6,6
		E_∞[kp/mm²] (ε = 2%)	
1	unter Wärmezufuhr 3,2 bzw. 3,1:1 gereckt	207	239
2	ohne Wärmezufuhr 3,2 bzw. 3,1:1 gereckt	179	194
2	bei konstanter Länge mit gesättigtem Wasserdampf behandelt bei 110°C	123	168
2	frei geschrumpft in gesättigtem Wasserdampf bei 110°C	100	99
2	frei geschrumpft in gesättigtem Wasserdampf bei 130°C	41	71
3	3,8:1 gereckt und extrem geschrumpft durch rasches Erhitzen mit überhitztem Wasserdampf von 210°C	10	

Schwierig ist es, den Einfluß des Orientierungsgrades solcher Kristallitbrücken auf E_∞ zu berücksichtigen. Zu erwarten ist, daß gespannte tie-Moleküle im Mittel ähnlich wie die sie verankernden Kristallite zur Faserachse orientiert sind. Bei den in Tabelle 1 angegebenen Beispielen abnehmender E_∞-Werte nach Wasserdampfbehandlungen hat die Kristallitorientierung höchstens zugenommen oder ist praktisch unverändert geblieben ([10], vgl. auch [11]), so daß der Abfall des E-Moduls hier nicht auf eine Kristallitdesorientierung zurückgeführt werden kann.

Vielmehr ist für den starken E_∞-Abfall nach thermischen und hydrothermischen Behandlungen ein Rückgang der Verspannungen zwischen Kristallbereichen, also eine Abnahme des Kooperationsgrades und damit ermöglichte Knäuelung der tie-Moleküle, verantwortlich zu machen. Bei sehr intensivem Aufheizen und freier Schrumpfmöglichkeit der Fäden könnte sogar ein „Umfalten" von Segmenten, d. h. ein Auflösen und Neubilden von Kettenfaltungen zugunsten besser formierter Kristallbereiche in Betracht gezogen werden, wobei die nicht kristallisationsfähigen Segmente in stark desorientierter Form zurückbleiben [11 bis 14]. Beide Grade von Umordnungen werden zudem durch charakteristische Veränderungen des Kraftdehnungsdiagramms nahegelegt [11].

Wärmezufuhr beim *Recken* von PA-Fäden führt sicher zu höherer Kristallitorientierung [10], möglicherweise aber auch zu stärkerer Ausrichtung nichtkristalliner Segmente [14], so daß aus beiden Gründen der beobachtete deutlich größere, statische E-Modul (Tabelle 1) verständlich wird.

Die für PA 6.6 etwas höher gefundenen E_∞-Werte deuten auf einen kleineren Anteil relaxationsfähiger Segmente in den nichtkristallinen Bereichen, wie auch von *Bergmann* [15] und neuerdings von *Zachmann* [16] auf Grund von Kernresonanzmessungen angenommen wird.

Eine gewisse Überprüfung der oben entwickelten Vorstellung ist mit einer Bestimmung der *Farbaufziehgeschwindigkeit* möglich. Für das Eindiffundieren von Farbstoffmolekülen aus einer Flotte in die Faser wirken gerade verspannte Molekülteile in den nichtkristallinen Bereichen stärker behindernd als relaxationsfähige Segmente, deren Vernetzung durch intermolekulare Wechselwirkungen zumal im wässerigen Milieu nur schwach sein kann. Tatsächlich begünstigen thermisch geschrumpfte Fäden die Anfärbbarkeit. Ein Vergleich des statischen E-Moduls unterschiedlich vorbehandelter PA-Proben mit ihrer Farbstoffaufnahme, z. B. für PA 6 in Bild 2, läßt eine erwartungsgemäß gegenläufige Korrelation erkennen. Zu der vorhandenen Streuung mag außer spezifischen Fehlerquellen beider Untersuchungsmethoden der Umstand beitragen, daß nicht ausgeschrumpfte Proben im Färbebad ziemlich rasch nachschrumpfen und damit die Struktur ihrer nichtkristallinen Bereiche während der Farbstoffdiffusion verändern.

Für die Spannungskopplung zwischen den molekular beweglicheren, nichtkristallinen Bereichen, die hier kurz mit „amorph" bezeichnet seien, und benachbarten Kristalliten möge versuchsweise das Modell von *Takayanagi* [17] in einer Form wie in Bild 1 als erste Näherung zugrunde gelegt werden [18]. Dann gilt für den statischen E-Modul

$$E_\infty = \zeta E_C + \frac{(1-\zeta)\, E_{A\infty} E_C}{(1-\varphi)\, E_{A\infty} + \varphi E_C} \tag{2}$$

mit

E_C als E-Modul der Kristallbereiche,
$E_{A\infty}$ als E-Modul der relaxierten amorphen Bereiche,

dem Anteil ζ an Kristallitbrücken.

Macht man die plausible Annahme

$$E_{A\infty} \ll E_C, \tag{3}$$

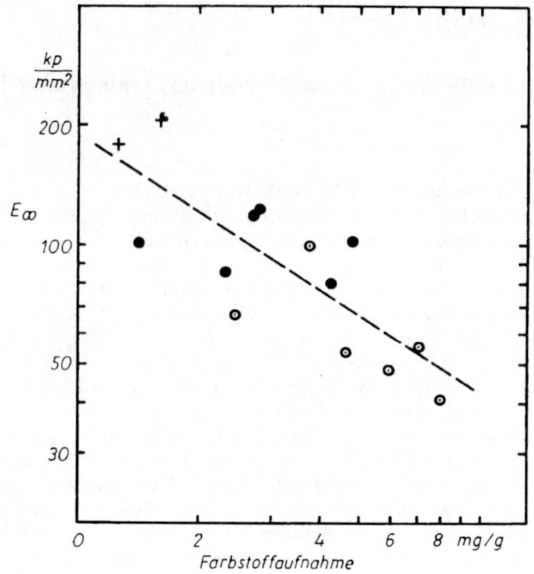

Bild 2. Korrelation zwischen statischem E-Modul (E_∞) für 2% Dehnung und Farbstoffaufnahme in mg Farbstoff/g Faser (innerhalb 1 h aus wässeriger Flotte von 1 Masse-% Siriuslichtblau BRR (Durazonblau B) bei pH = 5,0 und 95 °C) für PA-6-Fäden verschiedener Vorbehandlung:

+ gereckt und nicht nachbehandelt
• gereckt und bei konstanter Länge ...
⊙ gereckt und bei freiem Schrumpf ...
... mit Sattdampf (110 bis 130 °C) nachbehandelt.

so erhält man näherungsweise

$$E_\infty \approx \zeta E_C + \frac{(1-\zeta)^2}{w_A} E_{A\infty} \quad \text{mit} \quad w_A = \varphi\lambda = \varphi(1-\zeta), \tag{4}$$

woraus sich bei Kenntnis von E_C, $E_{A\infty}$ und E_∞ sowie des Volumenanteils w_A der amorphen Bereiche der Anteil Kristallitbrücken abschätzen läßt.

Für PA 6 als Beispiel lassen sich folgende Größenordnungen angeben:

$w_A \approx 0{,}5$,
$E_A \approx 1$ kp/mm² [18],
$E_C \approx 10^4$ kp/mm² [19],
$E_\infty \approx 10 \cdots 200$ kp/mm² (s. Tabelle 1),

womit der Anteil effektiver Kristallitbrücken hier — je nach vorausgegangener Phasenentmischung — $0{,}001 \lesssim \zeta \lesssim 0{,}02$ ausmachen würde (vgl. auch [9, 18]). Auf spezifische Deutungsmöglichkeiten des auch an anderen synthetischen Fasern gemessenen statischen E-Moduls soll im größeren Zusammenhang eingegangen werden.

Herrn Dr. *B. von Falkai* sei für Anregungen, die zu dieser Untersuchung führten, Herrn Dr. *H. Wilsing* für das Überlassen färbekinetischer Meßergebnisse gedankt.

Literatur

[1] *Jellinek, G., Ringens, W.,* und *Heidemann, G.:* Strukturveränderungen in getemperten Polyäthylenglykolterephthalatfäden. Ber. Bunsenges. phys. Chemie **74** (1970) S. 924–929.

[2] *Lindner, W. L.:* Characterization of the crystalline, intermediate and amorphous phase in poly(ethylene terephthalate)fibres by X-ray diffraction. Polymer, London **14** (1973), S. 9–15.

[3] *Eichhoff, U.*, und *Zachmann, H. G.*: Bestimmung des beweglichen Anteils von Polyäthylenterephthalat mit Hilfe der magnetischen Kernresonanz. Ber. Bunsenges. phys. Chemie **74** (1970) S. 919—924. Untersuchung der Molekülbeweglichkeit im teilkristallinem Polyäthylenterephthalat mit Hilfe der magnetischen Kernresonanz. Faserforsch. u. Textiltechnik **22** (1971) S. 395 bis 400.

[4] *Bergmann, K.*: NMR-Untersuchung des Relaxationsverhaltens einiger Polymerer. Vortrag auf der Frühjahrstagung der Deutschen Physikalischen Gesellschaft am 23. 3. 1973 in Münster. Kolloid-Z. u. Z. Polymere **251** (1973) S. 962—979.

[5] *Moseley*, jr., *W. W.*: The measurement of molecular orientation in fibers by acoustic methods. J. appl. Polymer Sci. **3** (1960) S. 266—276.

[6] *Ward, I. M.*: The correlation of molecular orientation parameters derived from optical birefringence and sonic velocity methods. Textile Res. J. **34** (1964) S. 806—807.

[7] *Schultze-Gebhardt, F.*: Zur Dehnungsabhängigkeit des E-Moduls verstreckter Polyamid-6-Fäden. Kolloid-Z. u. Z. Polymere **236** (1970) S. 19—30.

[8] *Schultze-Gebhardt, F.*: Vergleich eines akustisch ermittelten Orientierungsmaßes mit der röntgenographisch bestimmten Kristallitorientierung bei verstreckten Polyamid-6-Fäden. Kolloid-Z. u. Z. Polymere **225** (1968) S. 175—176.

[9] *Juilfs, J.*: Zur Deutung des Deformationsverhaltens von fadenförmigen, partiell kristallinen verstreckten Hochploymeren. Kolloid-Z. u. Z. Polymere **241** (1970) S. 897—908; Zum Dehnverhalten von Fasern, Fäden und Garnen. Schweizer Archiv **38** (1972) S. 120—128, 171—176.

[10] *Hinrichsen, G.*: Unveröffentlichter Bericht der Bayer AG, 1972.

[11] *Schultze-Gebhardt, F.*, und *Müller, E. H.*: Strukturänderungen beim thermischen Schrumpfen gereckter Polyamid-6-Fäden. Faserforsch. u. Textiltechnik **23** (1972) S. 247—255.

[12] *Dismore, P. F.*, und *Statton, W. O.*: Chain folding in oriented Nylon 66 fibers. J. Polymer Sci., C: Polymer Symposia (1966) 13, S. 133—148.

[13] *Statton, W. O.*: High temperature annealing of drawn Nylon 66 fibers. J. Polymer Sci., A-2: Polymer Physics **10** (1972) S. 1587—1592.

[14] *Bonart, R.*, und *Schultze-Gebhardt, F.*: Struktur und Eigenschaften von verstreckten Polymeren (Fasern). Angew. makromol. Chemie, Basel **22** (1972) S. 41—86.

[15] *Bergmann, K.* zitiert von *Martin, W.*, in Chemiefasern **20** (1970) S. 740—748.

[16] *Zachmann, H. G.*: Kolloid-Z. u. Z. Polymere **251** (1973) S. 951—961.

[17] *Takayanagi, M.*: Viscoelastic properties of crystalline polymers. Mem. Fac. Eng., Kyushu Univ. **23** (1963) S. 41—96.
Takayanagi, M., *Imada, K.*, *Kajiyama, T.*: Mechanical properties and fine structure of drawn polymers. J. Polymer Sci., C: Polymer Symposia (1966) 15, S. 263—281.

[18] *Prevorsek, D.*, und *Butler, R. H.*: Structure of Nylon-6 from analysis of viscoelastic properties. Internat. J. polymeric Mater. **1** (1972) S. 251—277.

[19] *Sakurada, I.*, und *Kaji, K.*: Relation between the polymer conformation and the elastic modulus of the crystalline region of polymer. J. Polymer Sci., C: Polymer Symposia (1970) 31, S. 57—76.

Fritz Schultze-Gebhardt,
Bayer AG, Dormagen
Ingenieurbereich Angewandte Physik

Eingegangen am 6. Dezember 1973

Neue Bücher

Chemie und Technologie der Zellstoff-Herstellung. Von *P. Lengyel* und *S. Morvay*. Gemeinschaftsausgabe des Akadémiai Kiadó, Budapest, und des Güntter-Staib Verlags, Biberach/Riß. 1973. 579 S. Lwd.

Die nun auch in deutscher Sprache erschienene Monographie des bekannten ungarischen Zellstoffspezialisten Dr. *Lengyel* schließt die Lücke auf dem Gebiet des cellulosechemischen Fachschrifttums, insbesondere auf dem Sektor des Sulfataufschlusses. Gestützt auf eine Fülle eigener Arbeiten und auf eine Reihe in den letzten Jahren erschienener Publikationen geben die Autoren eine ausführliche Zusammenstellung der chemischen und physikalisch-chemischen Grundlagen der einzelnen Verfahrensstufen des Sulfat- und Sulfitaufschlusses sowie der Bleiche.

Verteilt auf 7 Kapitel, wird die Technologie, angefangen bei der Holz- bzw. Strohaufbereitung bis zum fertigen Zellstoff beschrieben. Kapitel I und II (45 S., 72 Literaturzitate) enthalten die Charakterisierung von Zellstoffen sowie die Vorbereitungsprozesse von Holz und Stroh. In Kapitel III (408 S., über 508 Literaturzitate) werden die Theorie des alkalischen Aufschlusses, die Wirkung der verschiedensten Faktoren, wie Sulfidität, Konzentration der Chemikalien, Hydromodul, Kochtemperatur usw. unter besonderer Berücksichtigung von eigenen experimentellen Ergebnissen besprochen. Sehr ausführlich wird dabei auf das Problem der Regenerierung von Sulfatkochlauge (54 S.), weniger dagegen auf die Nebenproduktbildung beim Sulfataufschluß eingegangen.

Im Abschnitt des Sulfitaufschlusses steht im Vordergrund die Theorie der Herstellung von Calcium-Bisulfit-Kochsäure sowie Kochsäuren mit löslichen Basen wie Mg, Na und NH_3. Das Sulfitverfahren wird nicht nur eingehend beschrieben, sondern auch kritisch auf seine Anwendung auf die verschiedensten Rohstoffe untersucht. Unerwähnt bleiben auch nicht das Alkali-Chlor-Verfahren, das Salpetersäureverfahren sowie der Aufschluß mit hydrotropen Substanzen.

Kapitel IV (41 S., 116 Literaturzitate) behandelt die Defibrierung, die Sortierung durch den Zentricleaner, die Entfernung des schädlichen Harzes und die Entwässerung bzw. die Trocknung des Zellstoffes.

Das Kapitel V, das das Thema Bleiche und Veredlung zum Inhalt hat, befaßt sich nicht nur mit der Theorie der Chlorierung, der alkalischen Extraktion sowie mit der Hypochloritbleiche, sondern streift auch die Chlordioxid- und Peroxidbleiche. Den Abschluß dieses Buches bildet das Kapitel VI (15 S., 155 Literaturzitate), in dem Stellung zum Problem Umweltschutz, Abwasser, Luftverunreinigung usw. genommen wird.

Das vorliegende, mit zahlreichen Literaturangaben versehene Buch ist besonders den in der Praxis stehenden Chemikern und Ingenieuren wie auch den Studenten ein wertvolles Hilfsmittel für die Lösung der betrieblichen Probleme in der Zellstoffindustrie. Es ist den Verfassern gelungen, in dieser Abhandlung die Probleme des Sulfat- und Sulfitaufschlusses verständlich und elegant zu lösen.

V. Jacopian

Solid State Surface Science. Vol. 2. Hgg. von *Mino Green*. New York: Marcel Dekker Inc. 1973. XII, 246 S. Halblwd. $ 19.50.

Die Vielzahl der zum Studium von Festkörperoberflächen eingesetzten Untersuchungsmethoden birgt die Gefahr in sich, daß selbst der auf diesem Gebiet tätige Wissenschaftler nicht immer die Möglichkeiten der verschiedenen Methoden richtig einschätzen kann. Es ist daher zu begrüßen, daß mit der Herausgabe der Reihe „Solid State Surface Science" eine Zusammenstellung der verschiedenen Untersuchungsmöglichkeiten und damit ein umfassender Überblick über das gesamte Gebiet gegeben wird.

Der nun erschienene zweite Band enthält die Beiträge „Surface Thermodynamics of Solids" von *R. G. Linford* und „Photon Scattering from Surfacs" von *P. W. Atkins* und *A. D. Wilson*.

Anliegen des ersten Beitrages ist es, einen breiten Querschnitt über die Oberflächenthermodynamik von Festkörpern zu geben, ohne dabei allzu sehr in die Tiefe zu gehen. Einem einführenden Kapitel, das die notwendigen Definitionen und theoretischen Grundlagen enthält, schließen sich die Abschnitte über die Abhängigkeit der spezifischen Oberflächenarbeit von der Orientierung und von adsorbierten Verunreinigungen an. Es folgen ein längerer Abschnitt über die verschiedenen experimentellen Meßmethoden und eine Zusammenstellung einer Reihe experimenteller Ergebnisse. Im letzten Kapitel schließlich werden einige Methoden zur Berechnung thermodynamischer Parameter kurz erläutert.

Der Beitrag ist in einer auch für den Nichtspezialisten leicht verständlichen Darstellung gehalten. Daher sind die Ableitungen der wichtigsten Gleichungen in den Anhang verlegt. Zu der übersichtlichen Darstellung trägt auch die klare Definition der speziellen thermodynamischen Parameter und der Hinweis auf von anderen Autoren verwendete abweichende Terminologien bei. Der stärker interessierte Leser wird auf die Originalliteratur verwiesen, die in einer umfangreichen Bibliographie sehr übersichtlich zusammengestellt ist.

Der zweite Beitrag, „Photon Scattering from Surfaces", stellt wesentlich höhere Anforderungen an den Leser. Die Probleme der Reflexion und Brechung von Licht an Festkörperoberflächen, dünnen Schichten und mit dünnen Schichten belegten Oberflächen werden ausschließlich theoretisch behandelt. Lediglich am Ende des Artikels sind in einer Tabelle einige Ergebnisse ellipsometrischer Messungen den berechneten Werten gegenübergestellt.

Einleitend wird die klassische Theorie der Reflexion und Brechung, ausgehend von den *Maxwell*schen Gleichungen sowohl in Differential- als auch in Integralform, wiedergegeben. Es folgen die quantenmechanische Behandlung des elektromagnetischen Feldes und die Streutheorie, angewandt auf Photonen. Der Einfluß einer monoatomaren Schicht auf den einfallenden Lichtstrahl kann durch einen Operator dargestellt werden. Für Reflexion und Brechung an einer mit einer monoatomaren Schicht belegten Festkörperoberfläche läßt sich ein Operator konstruieren, der zusammengesetzt ist aus dem Operator der monoatomaren Schicht und einem Operator des Festkörpers, der sich aus den Ergebnissen der klassischen Theorie ableitet. Damit wird eine Verbindung zwischen quantenmechanischer und klassischer Behandlung hergestellt.

Das Buch stellt zweifellos für jeden auf dem Gebiet der Oberflächenerscheinungen an Festkörpern tätigen Wissenschaftler eine wertvolle Hilfe dar. Darüber hinaus sollte der Beitrag von *R. G. Linford* auch für den nicht auf Oberflächenuntersuchungen spezialisierten Physiker oder Chemiker von Interesse sein, während der Beitrag von *P. W. Atkins* und *A. D. Wilson* wohl doch dem stärker theoretisch interessierten Leser vorbehalten sein dürfte. *K. Frigge*

Magnetochemie. Grundlagen und Anwendungen. Von *Alarich Weiss* und *Helmut Witte*. Weinheim: Verlag Chemie 1973. IX, 281 S. Lwd. DM 59,—.

Nach langer Zeit ist nun endlich wieder ein umfassendes Buch über Magnetochemie erschienen, das den Fortschritten, die auch diese Disziplin sowohl in experimenteller als auch in theoretischer Hinsicht gemacht hat, Rechnung trägt. Das Buch soll als Einführung in das Gebiet der Magnetochemie dienen und gleichzeitig erste Anleitung bei der Durchführung entsprechender Messungen sein.

Im Interesse eines breiten Leserkreises beschränken sich die Autoren auf einfache mathematische Formulierungen und z. T. qualitative Darstellung. Ziel der Autoren ist es, den Leser zu befähigen, nach Lektüre des Buches weitergehende Spezialliteratur zu studieren.

Einleitend wird ein kurzer Überblick über die physikalischen Grundlagen der Magnetochemie gegeben. Es folgt ein längerer Abschnitt zur experimentellen Technik. Die verschiedenen Meßmethoden werden eingehend beschrieben und z. T. gegeneinander abgeschätzt. Ausführlich werden auch die Erzeugung und Messung der notwendigen Magnetfelder, die Möglichkeiten zur Probentemperierung und andere experimentelle Details erörtert.

Der nächste Abschnitt befaßt sich mit dem Diamagnetismus. Nach einer kurzen Beschreibung der klassischen Theorie und einer qualitativen Diskussion der quantenmechanischen Berechnung der Suszeptibilität nach *van Vleck* folgt eine Einführung in die halbempirischen Inkrementenmethoden zur Berechnung der Suszeptibilität. Des weiteren werden Ionendiamagnetismus, magnetische Anisotropie und Einfluß der Umgebung auf die diamagnetische Suszeptibilität von Molekülen und Ionen behandelt.

Es folgt der Abschnitt über die Erscheinungsformen des Paramagnetismus. Einleitend wird eine Übersicht über die Elektronenzustände freier Atome und Ionen und die daraus folgenden Gesetzmäßigkeiten für den Paramagnetismus freier Teilchen gegeben. Anschließend wird der Paramagnetismus der Übergangsmetallionen relativ ausführlich behandelt. Es wird ein Überblick über die *Pauling*sche Theorie des magnetischen Verhaltens der 3d-Metallionenkomplexe gegeben, über die Kristallfeldtheorie, die daraus folgende Kristallfeldaufspaltung, die verschiedenen Arten der Spin/Bahn-Kopplung und den *van Vleck*schen temperaturunabhängigen Paramagnetismus. Abschließend wird der Paramagnetismus der 4d- und 5d-Metallionenkomplexe und der Verbindungen der Seltenerdmetalle diskutiert.

Bei den kooperativen Erscheinungen werden Ferro-, Ferri- und Antiferromagnetismus nur kurz gestreift, während die magnetischen Eigenschaften des Elektronengases in Metallen und Legierungen etwas ausführlicher behandelt werden.

Den Abschluß des Buches bildet eine sehr breit gefächerte Auswahl von Anwendungsbeispielen der Magnetochemie, die die vielseitigen Einsatzmöglichkeiten dieser Methode belegen.

Leider vermißt man nähere Hinweise auf die vielfältigen Anwendungsmöglichkeiten der Elektronenspinresonanz. Die Tatsache, daß man mit dieser Methode häufig wesentlich detailliertere Aussagen über die paramagnetischen Zentren erhält als aus Suszeptibilitätsmessungen, hätte es nach Ansicht des Rezensenten gerechtfertigt, das Buch um einen kurzen Beitrag über Elektronenspinresonanz zu erweitern.

Diese kritische Bemerkung soll jedoch den Wert des Buches, das in klarer und leichtverständlicher Darstellung gehalten und übersichtlich gegliedert ist, nicht herabsetzen. Das Buch ist in erster Linie auf die Bedürfnisse des Chemikers zugeschnitten, sollte aber auch unter anderen Naturwissenschaftlern, wie Physikern, Mineralogen, Kristallographen und Biologen, nicht zuletzt auch unter den Studierenden dieser Wissenschaften, einen breiten Leserkreis finden.

K. Frigge

Magnetic Resonance. Invited lectures presented at the IVth International Symposium on Magnetic Resonance. International Union of Pure and Applied Chemistry. Physical Chemistry Division in Conjunction with International Society of Magnetic Resonance, International Union of Biological Sciences and Israel Academy of Sciences and Humanities. Hgg. von *D. Fiat*. London: Butterworths 1972. IV, 351 S., Kunststoffeinb. $ 33,00.

Dieses Buch enthält 25 Hauptvorträge, die auf dem „Vierten Internationalen Symposium über Magnetische Resonanz" in Jerusalem und Rehovot im August 1971 gehalten wurden. Allein schon die Tatsache, daß es sich bei nahezu allen Autoren um Fachleute von internationalem Rang handelt — Namen wie *F. Bloch*, *E. R. Andrew*, *G. J. Béné*, *E. L. Hahn*, *J. S. Waugh* seien hier stellvertretend für viele genannt, läßt jeden auf dem Gebiet der Hochfrequenzspektroskopie tätigen Wissenschaftler interessiert zu diesem Buch greifen.

Das Buch kann wohl keine bessere Einleitung haben als die Erinnerungen von *F. Bloch* an seine Arbeiten, die ihn und seine Mitarbeiter zur Entdeckung der magnetischen Kernresonanz führten. Die sich anschließenden Beiträge demonstrieren dadurch um so deutlicher die rasante Entwicklung der Hochfrequenzspektroskopie innerhalb von 25 Jahren und die Vielfalt ihrer Anwendungsmöglichkeiten. Der größte Teil der Beiträge behandelt Fragen der Kernresonanz. Weitere Beiträge befassen sich mit Elektronenresonanz und einigen Methoden der Doppelresonanz. Die Skala der untersuchten Systeme reicht vom Festkröper über kristalline Flüssigkeiten und andere Flüssigkeiten bis zu biologischen Systemen. Fragen der Relaxation, der Beweglichkeit, des chemischen Austausches und Problem der Fourierspektroskopie sowie der Methoden der Linienverschmälerung werden erörtert.

Damit bietet dieses Buch einen guten, wenn auch — dem Charakter eines Tagungsbandes entsprechend — sicher nicht vollständigen Überblick über den gegenwärtigen Entwicklungsstand der Hochfrequenzspektroskopie. Es ist daher für jeden Hochfrequenzspektroskopiker von Nutzen und kann insbesondere auch denen empfohlen werden, die sich mit den Methoden dieses Arbeitsgebietes näher vertraut machen wollen. *K. Frigge*

Informacionno-poiskovye sistemy. Charakteristiki, ispytanie i ocenka (Informationsrecherchesysteme. Charakterisierung, Testung und Bewertung). Von *F. W. Lancaster.* Übersetzung aus dem Englischen von *A. N. Kulik, V. V. Morosov* und *A. F. Fomin.* Moskva: Mir 1972. 308 S., Lwd. 1,33 Rbl. (6,65 M).

Das vorliegende Buch stellt eine Übersetzung der im Wiley-Verlag 1968 erschienenen Monographie „Information Retrieval Systems. Characteristics, Testing and Evaluation" dar und ist vorwiegend aufbauend auf Ergebnissen des inzwischen bekannten „Cranfield Project" geschrieben, das 1957 bis 1966 im College for Aeronautics (Cranfield, Großbritannien) von ASLIB (Association for Special Libraries and Information Bureaus) unter der Leitung von *C. Cleverdon* durchgeführt wurde. Im Vordergrund stehen dabei die „intellektuellen" Faktoren der Arbeit von Informationsrecherchesystemen (IRS): Indexierungspraxis und -methoden; Wortverzeichniskontrolle; Recherchestrategie und Wechselwirkung zwischen dem System und dessen Nutzern. Die Bedeutung der technischen Mittel zur Realisierung von IRS sei demgegenüber nach der Meinung des Verfassers besonders in den USA stark überbetont, was die Arbeit vieler Systeme negativ beeinflußt habe.

Die Monographie besteht aus 16 Kapiteln und dem Vorwort des Verfassers sowie des sowjetischen Verlages. Nachteilig wird gerade bei diesem Buch über eine der Schlüsselfragen der Informatik das Fehlen eines Sachregisters empfunden.

Im Kapitel 1 „Grundinhalt der Informationsrecherche" werden Begriffe wie „Informationsrecherche", „Informationsrecherchesystem", „Dokumentenrecherchesystem", „Bibliographisches Recherchesystem", „Datenrecherchesystem" klar definiert und kritisch besprochen. Interessant ist dabei, daß *Lancaster* sowohl die IRS-Betreiber als auch dessen Nutzer zum IRS zählt. Günstig wirkt sich hier — wie im ganzen Buch — aus, daß die entsprechenden englischen Begriffe neben den russischen eingeklammert stehen — auf einem terminologisch noch nicht gefestigten Gebiet zweifellos eine positive Erscheinung, die dem Beispiel des Grundlagenwerkes von *A. I. Michajlov, A. I. Černyj, R. S. Giljarevskij* „Informatik. Grundlagen" folgt.

Die Kapitel 2 und 3 tragen die gleiche Überschrift „Sachindexierung, Indexierungsbegriffe und genormte Schlagwortverzeichnisse", wobei im Kapitel 2 „Konventionelle Recherchemittel" und im Kapitel 3 „Koordinierte Indexierung" dargestellt werden. Dabei werden *Dewey*-Klassifikation und DK nur kurz gestreift (2 S.), während analytisch-synthetische Klassifikationen (*Ranganathan's* Colon Classification, Facetten-Klassifikation nach *Vickery, Cutter*-Klassifikation sowie das System der Library of Congress) einen relativ breiten Raum einnehmen. Entsprechend der einseitigen Orientierung nur auf englischsprachige Quellen wird die sowjetische bibliothekarisch-bibliographische Klassifikation (BBK) mit keinem Wort erwähnt.

Ausführlich wird im Kapitel 3 die koordinierte Indexierung beschrieben, wobei die bereits klassischen Begriffe der Disjunktion, der Konjunktion und der Implition klar und anschaulich dargestellt und die Grundregeln der *Bool*schen Algebra kurz gestreift werden. In historischer Reihenfolge wird die von *Batten* und *Cordonier* sowie von *Mooers* und *Taube* eingeleitete Umwälzung (vom Verfasser als „Revolution" bezeichnet) in der Indexierung und Recherche durch Einführung von Sichtlochkarten, Deskriptoren und Uniterms geschildert. Hier nimmt die Entwicklung der postkoordinierten Indexierung in den Jahren 1951 bis 1966 unter besonderer Berücksichtigung der assoziierten Begriffe (bound terms), der Verknüpfungsanzeiger (links) und der Rollenanzeiger (roles) einen breiten Raum ein. Wegen der Schlüsselrolle dieses Kapitels und der relativ „autonomen" Betrachtungsweise kann seine Durcharbeitung auch den Nutzern von allgemeinen bzw. fachorientierten Informationsdiensten wärmstens empfohlen werden.

Im Kapitel 4 „Recherchemittel und Recherchemethoden" findet man Hinweise für die Aufstellung von Dokumenten- und Rechercheprofilen sowie für die Durchführung von Recherchen in prä- und postkoordinierten Recherchefonds sowohl in manuellen als auch in mechanischen Systemen (Lochkarten-, Magnetband- bzw. Mikrofilmbasis). Bei den im Kapitel 5 „Laufende Informationsversorgung" beschriebenen IRS werden Vergleiche zwischen fach- bzw. aufgabenorientierten Informationsdiensten und der selektiven Informationsverarbeitung angestellt. Die Darstellungen im Kapitel 6 „Effektivitätskriterien der IRS" gehen über das bereits Bekannte über Recherchevollständigkeit und -genauigkeit kaum hinaus. Dagegen betreffen die im nächsten Kapitel „Einflußfaktoren für die Charakterisierung eines IRS" besprochenen Probleme der Indexierungsvollständigkeit (gegen den Begriff „Indexierungstiefe" wird mit vollem Recht wegen der unterschiedlichen Deutung durch verschiedene Autoren opponiert), der Spezifität der Indexierungssprache und der Recherchestrategie bei vorgegebener Recherchevollständigkeit und -genauigkeit die Grundfragen der Tätigkeit eines IRS, die beim Aufbau und Betreiben eines IRS genau überlegt werden müssen. Auch die Nutzer eines konkreten IRS können mit Hilfe dieser Darstellungen ihre Erwartungen und Anforderungen mindestens halbquantitativ formulieren.

Die Besprechung des Kapitels 8 „Indexierungssprachen, ihre Bestandteile und Charakterisierung" dürfte trotz des beträchtlichen informationswissenschaftlichen Interesses über den Rahmen einer Zeitschrift, deren Leserkreis vornehmlich aus Polymerwissenschaftlern und -technologen besteht, hinausgehen.

Von den weiteren Kapiteln (9 bis 16): „Auf dem Wege zu einem voll mechanisierten Informationssystem", „Bewertung der Effektivität der Tätigkeit eines IRS: Projektierung des Testprogramms", „Analyse von Versuchswerten", „Deutung und Nutzung von Versuchswerten", „Einschätzung der Wirtschaftlichkeit eines IRS", „Wechselwirkung des Recherchesystems mit den Nutzern", „Recherchestrategien", „Probleme des Aufbaues von IRS und deren Kontrolle" verdienen die nachstehenden Schlußfolgerungen Erwähnung:

1. Automatische Indexierung kann z. Z. technisch zwar realisiert werden, ist aber nur dann wirtschaftlicher als menschliche Indexierung, wenn die Eingabe in eine EDVA nicht über ein Lochband, sondern über eine universelle Druck- und Einlesevorrichtung erfolgt bzw. wenn die Dokumente in einer maschinenlesbaren Druckform vorliegen.
2. Recherchefehler (Verluste und Ballast) werden zu etwa 50% durch eine fehlerhafte Indexierung bzw. unvollkommene Indexierungssprache bedingt, während die Recherche selbst nur 35% der Fehler verursacht und die unvollkommene Wechselwirkung der Nutzer mit dem System für ∼15% verantwortlich ist.
3. Einschätzung der Wirtschaftlichkeit eines IRS stellt eine außerordentlich schwierige Aufgabe dar und ist nur bei selbständigen IRS möglich. Dabei kann nach *Lancaster* nur die Frage, ob sich das System trage, und nicht, ob es wirksam funktioniere, beantwortet werden. Bei diesen Betrachtungen darf nicht außer acht gelassen werden, daß die Frage nach der gesellschaftlichen Bedeutung einer Information beim Sozialismus anders gestellt wird, während unter den Bedingungen einer kapitalistischen Gesellschaft der Warencharakter der Information unbestritten ist.
4. Von drei Formen der Wechselwirkung eines IRS mit dem Nutzer:
   1. Persönlicher Kontakt — Aufstellung der Recherchestrategie gemeinsam mit dem Fachinformator — Rechercheur,
   2. Territorialer Kontakt — postalische Rechercheanfrage nach der Abstimmung zwischen dem Nutzer und dem Bibliothekar bzw. Fachinformator seiner Einrichtung,
   3. Wechselwirkung ohne territoriale Zwischenstufe — direkte Anfrage des Nutzers

brachte unerwarteterweise die geringste Wechselwirkung, d. h. die Form 3 bei MEDLARS die besten Rechercheergebnisse. Dies wird dadurch erklärt, daß in diesem Falle der Nutzer gezwungen wird, eine genaue schriftliche Formulierung seiner Anfrage zu verfassen, ohne sich gleichzeitig dem Zwang eines bestimmten Systems unterwerfen zu müssen.

Bereits diese etwas willkürlich ausgewählte Schwerpunktdarstellung der letzten Kapitel des Buches macht es deutlich, daß die Monographie von *Lancaster* eine Fülle von Anregungen und Hinweisen auch für die Leser dieser Zeitschrift enthält und nicht allein für Fachinformatoren von aktuellem Interesse ist.

Dem Verlag und den Übersetzern sei für eine flüssige und qualifizierte Übersetzung sowie für eine einwandfreie graphische Gestaltung bei einem extrem niedrigen Preis gedankt. *T. Lukanoff*

The Determination of Hydroxyl Groups. Von *Stig Veibel* (Monographs in Analysis of Organic Materials, No. 1. Hrsg. von *R. Belcher* und *D. M. W. Anderson*). London/New York: Academic Press 1972. XVIII, 159 S. Lwd. £ 3,50.

Die Herausgeber starten mit dieser Monographie — 18 weitere sind angekündigt — offenbar eine Ergänzungsserie zu der von ihnen ebenfalls betreuten, im allgemeinen Titel aber eindeutiger gefaßten Reihe „Organic Functional Group Analysis".

Veibel behandelt in seiner Monographie die Bestimmung der OH-Gruppen derjenigen organischen Verbindungen, die außer den OH-Funktionen keine weiteren funktionellen Gruppen enthalten. Der Grund ist, daß letztere, z. B. Hydroxyaldehyde, Hydroxysäuren oder Hydroxyamine, im allgemeinen vorteilhafter mit Hilfe der „stärkeren" zweiten Funktion, für die es inzwischen zumeist Standardbestimmungsmethoden gibt, charakterisiert werden. Für solche Verbindungen wird zwar fallweise die OH-Gruppenbestimmung angeführt, jedoch ist deren Analytik im allgemeinen Gegenstand der oben zuerst genannten Monographienreihe. Verbindungen, in denen die OH-Gruppe Teil einer zusammengesetzten funktionellen Gruppe ist, wie z. B. bei den Carbonsäuren, werden dagegen nicht diskutiert.

Entsprechend der kompletten Analyse einer unbekannten Verbindung ist die vorliegende Monographie in drei Teile gegliedert.

Part A: Detection of the Hydroxyl Group (24 Seiten, 32 Lit.-Zitate) enthält unspezifische und charakteristische Nachweisreaktionen für aliphatisch, aromatisch und heterocyclisch gebundene OH-Gruppen. Entsprechend ihrer Bedeutung wird bei den Alkoholen bevorzugt auf primäre, sekundäre und tertiäre sowie Polyalkohole, bei den Aromaten auf ein-, zwei- und dreiwertige Phenole, bei den Heterocyclen auf 5- und 6-Ringsysteme eingegangen.

Part B: Characterization of Hydroxy Compounds (39 Seiten, 148 Lit.-Zitate) nennt zunächst die Darstellung von Derivaten, danach säulen-, papier-, dünnschicht- und gaschromatographische Untersuchungsmethoden, die meist von Derivaten ausgehen, zur Charakterisierung von Hydroxyverbindungen.

Part C: Estimation of Hydroxy Compounds (80 Seiten, 18 Lit.-Zitate) schließlich behandelt, wie OH-Verbindungen auf direktem, indirektem und chromatographischem Wege quantitativ erfaßt werden können. Es schließt ab (S. 113—141) mit ausgewählten detaillierten Vorschriften bewährter Bestimmungsmethoden.

In dem Sinne der Einteilung in die umrissenen Teilabschnitte ist der Begriff „Bestimmung" im Titel der Monographie über seine engere Bedeutung hinausgehend aufzufassen.

Durchweg werden die chemischen Analysenmethoden nicht nur ausführlich beschrieben, sondern auch verglichen und gewertet. In untergeordnetem Maße wird auf apparative Möglichkeiten eingegangen, wahrscheinlich absichtlich, weil die Untersuchung der OH-Gruppen meist mit einfachen Mitteln durchführbar ist.

Andererseits wird nicht nur auf die üblichen, allgemein akzeptierten Bestimmungsmethoden für OH-Gruppen eingegangen, sondern es werden auch einige weniger gebräuchliche angeführt. Die Literaturzitate erstrecken sich bis in das Jahr 1970.

Das Buch ist für den mit der funktionellen Gruppenanalyse befaßten Analytiker ein dankbar begrüßtes zuverlässiges Arbeitsmittel und zum Zwecke vertiefender Studien nicht weniger von Interesse für Studenten und Praktiker auf dem Gebiet der organischen Chemie.

K. Wedemeyer

Kunststoff-Handbuch. Band VII. Polyurethane. Von *Richard Vieweg* und *August Höchtlen.* München: Carl Hanser 1966. XIX, 767 S. Lwd. DM 180,—.

Der Band VII „Polyurethane" gibt auf nahezu 800 Seiten eine Einführung in die Polyurethanchemie und einen vollständigen Überblick über die Polyurethantechnologie. Auch hier liegt wieder der bewährte Aufbau aller Bände des Kunststoff-Handbuchs zugrunde: Nach der Einführung in die Chemie der Polyurethane von *O. Bayer*, in der die ganze Vielfalt und Variationsmöglichkeit der Polyurethanchemie kurz dargelegt wird, folgen größere Abschnitte über Ausgangsmaterialien und Verarbeitungsprinzipien. In weiteren großen Kapiteln werden Herstellung und Eigenschaften, Technologie und Anwendung sowie Prüfverfahren und Prüfnormen von Polyurethanelastomeren sowie weichen und harten Schaumstoffen beschrieben. Kapitel über Polyurethanspritzgußmassen, Klebstoffe und die Anwendung von Polyurethanen in der Textilindustrie beschließen den Band.

An der Gestaltung des Bandes haben 23 Fachleute, größtenteils Mitarbeiter der Farbenfabriken Bayer AG, mitgewirkt. Gelegentliche Überschneidungen im Inhalt der verschiedenen Kapitel ließen sich dadurch sicher nicht vermeiden.

Der Schwerpunkt der Betrachtung der Polyurethane liegt auf anwendungstechnischem Gebiet, deshalb sind auch in fast allen Kapiteln genaue Rezepturen und Verarbeitungsvorschriften angegeben.

Es zeigt sich aber auch, daß trotz der Fülle des vorliegenden experimentellen Materials die Rezepturen noch weitgehend empirisch zusammengestellt werden müssen, da genaue, wissenschaftlich begründete Zusammenhänge zwischen chemischer Struktur und Werkstoffeigenschaften, beispielsweise der Einfluß von rel. Molekülmasse und Art der Weichsegmente auf die elastischen Eigenschaften, noch fehlen.

Trotz der großen Variierbarkeit der Eigenschaften der Polyurethane sind sie aber ebensowenig „Idealkunststoffe", wie es eine „Idealfaser" gibt, die alle Anforderungen erfüllt. Das wird besonders im Kapitel 5 beim Vergleich der massiven Polyurethanelastomeren mit Kautschuk, Siliconkautschuk, Polyvinylchlorid, Polyamiden und Polytetrafluoräthylen deutlich.

Wie alle Bände des „Kunststoff-Handbuches" zeichnet sich auch der Band VII durch ausgezeichnete Qualität des Druckes und der Abbildungen aus. *K. Dietrich*

Fraktionierung von N-Propionyl-oligo-ε-aminocapronsäurepropylamiden und Poly-ε-caprolactam durch Gelpermeationschromatographie. Von *Giselher Valk*, *Gerhard Heidemann* und *Tao Pen Wang.* Forschungsberichte des Landes Nordrhein-Westfalen. Nr. 2320. Opladen: Westdeutscher Verlag 1973. 49 S. Brosch. DM 7,—.

Durch Umamidierung von Caprolactam mit Propionsäurepropylamid wurden sog. endgruppenfreie Oligoamide, n-Propionyl-oligo-ε-aminocapronsäurepropylamide hergestellt. Für die Fraktionierung der homologen Oligoamide mit Hilfe der Gelchromatographie eignet sich ein ternäres Lösungsmittelgemisch aus Phenol/Äthanol/Wasser an Sephadex LH-20. Damit wurden molekular einheitliche Oligoamide gewonnen.

Physikalische Untersuchungen an diesen Oligoamiden ergaben, daß Kettenfaltung bereits in Lösung vorgebildet und hierzu eine kritische Kettenlänge erforderlich ist, die größer sein muß als die geringstmögliche Faltungslänge im festen Zustand. Die gelchromatographische präparative Trennung von Polyamid 6 wird an makroporösen Kieselgelen mit dem o.g. ternären Gemisch durchgeführt.

P. Fritzsche

Patentschau

Auszug aus der Lieferung 21/22/1973 der Patentschau „Faserstoffe und Textiltechnik", Ausgabe A: Faserstoffe einschl. Kunststoffe und organ. Grundsubstanzen, zusammengestellt von der Abteilung Information und Dokumentation des Instituts für Polymerenchemie der AdW der DDR, 153 Teltow-Seehof, Kantstr. 55

Die Patentschau ist nach der Internationalen Patentklassifikation (IPC) gegliedert. Es bedeuten: DLP = DDR-Patent; DTP = Deutsches Bundespatent; DTA = (West)Deutsche Auslegeschrift; DTO = (West)Deutsche Offenlegungsschrift; OEP = Oesterreichisches Patent; POP = Polnisches Patent; CHP = Schweizer Patent; FRP = Französisches Patent; GBP = Britisches Patent; JAP = Japanisches Patent; SWP = Schwedisches Patent; SUP = Sowjetisches Patent; CSP = Tschechoslowakisches Patent USP = Amerikanisches Patent; A. = Anmeldedatum, O. bzw. B. = Tag der Ausgabe der Patent-, Offenlegungs- bzw. Auslegeschrift.

Sektion B. Arbeitsverfahren

B 65. Fördern, Lagern; Handhaben dünner oder fadenförmiger Werkstoffe

B 65h. Behandeln von dünnem oder fadenförmigem Gut, z. B. Folien, Gewebe, Kabel

DTO 2202852. Verfahren und Vorrichtung zum Aufspulen von Endlos-Fäden. Erf.: *Friedrich-Wilhelm Elsasser, Oskar Macha, Heinz Wegner* u. *Herbert Lütkecosmann.* Anm.: Bayer AG, 5090 Leverkusen (DT). A. 21. 1. 72, B. 2. 8. 73. Kl.: 47k, 5/06, Int. Kl.: B 65h 54/28. A.-Z.: P 2202852.

CHP 539574. Spindel als Träger für Wickel von Fasern und Fäden bei Textilmaschinen. Erf. u. Ing.: Vincenzina Radice, Corso S. Gottardo, Mailand (IT). A. 8. 2. 72. Int. Kl.: B 65h 54/54. A.-Z.: 1773/72. Prior.: 11. 2. 71 (IT; A.-Z.: 20425 A/71) .

Sektion C. Chemie und Metallurgie

CHEMIE

C 01. Anorganische Chemie

C 01b. Nicht-metallische Elemente, Metalloide und ihre Verbindungen, außer den unter C 01c aufgeführten

GBP 1324772. Herstellung von Kohlenstoffasern. Inh.: National Research Development Corp. A. 11. 8. 69, B. 25. 7. 73. Kl.: C1.A, Int. Kl.: C 01b 31/07. A.-Z.: 40080/69.

JAP 7220418. Graphitfäden mit hohem Modul und hoher Festigkeit. Erf.: *Tsuneo Koyama.* A. 23. 2. 71, B. 29. 9. 72. Kl.: 42 EO. A.-Z.: 718730.

JAP 7301423. Kohlenstoffäden aus Polyvinylchlorid/Polyvinylalkohol-Mischungen. Erf.: *Susumu Kosaka, Nobuo Yasuhira* u. *Akio Ohmori.* Inh.: Kuraray Co. Ltd. A. 28. 5. 71, B. 10. 1. 73. Kl.: 42 EO. A.-Z.: 7137265.

USP 3709863. Verfahren zum Extrudieren von Polyacetylenen als Vorprodukte für hochfeste Graphitfasern. Erf.: *Dwain M. White* u. *Stanley Y. Hobbs.* Inh.: General Electric Co., Schenectady, N.Y. A. 24. 2. 71, B. 9. 1. 73. Kl.: 260-30,2, Int. Kl.: C 08f 45/28, C 01b 31/04. 7 Anspr. A.-Z.: 118472. Entspr. DTO 2208212.

C 07. Organische Chemie

C 07c. Acyclische und carbocyclische Verbindungen

DTO 2207184. Verfahren zur Reinigung von Acrylsäure. Erf.: *Shiro Maezawa, Hiroshi Yoshikawa, Kenji Sakamoto, Jun Fujii, Gunma Takasaki* u. *Makoto Hashimoto.* Anm.: The Standard Oil Co., Cleveland, Ohio (US). A. 16. 2. 72. B. 23. 8. 73. Kl.: 12o, 21. Int, Kl.: C 07c 57/04. A.-Z.: P 2207184.

C 07d. Heterocyclische Verbindungen

DTO 2303821. Verfahren zur Herstellung von omega-Lactamen und dazugehörigen Vorprodukten. Erf.: *Luigi Giuffre, Giancarlo Sioli* u. *Roberto Mattone.* Anm.: Snia Viscosa Societa Nazionale Industria Applicazioni Viscosa, S.p.A., Mailand (IT). A. 26. 1. 73, B. 2. 8. 73. Kl.: 12p, 5, Int. Kl.: C 07d 41/06. A.-Z.: P 2303821. Prior.: 27. 1. 72 (IT; A.-Z.: 19882 A/72).

JAP 7242658. ε-Caprolactam und Cyclohexanonoxim/Zinnchlorid-Komplex. Erf.: *Misuo Masaki, Izuhiko Uchida, Junichiro Kita* u. *Kiyoshi Fukui.* Inh.: Ube Industries, Ltd. A. 4. 5. 71, B. 16. 12. 72. Kl.: 16 E 331. A.-Z.: 7128859.

JAP 7303638. Reinigung von Caprolactam. Erf.: *Seiya Zuszuki, Ken Sekoguchi, Shunsuke Yonehara* u. *Fumio Ichimura.* Inh.: Toray Industries. Inc. A. 2. 4. 70, B. 1. 2. 73. Kl.: C 07d. A.-Z.: 7027461.

JAP 7334331. Wäßrige Polyamidsalze aus Terephthalsäure und Dodeca- oder Undecamethalendiamin. Erf.: *Tomohiko Asahara, Yuzaburo Nakayama* u. *Yoshizo Tsuda.* Inh.: Toray Industries, Inc. A. 13. 4. 71, B. 21. 11. 72. Kl.: 16 C 61. A.-Z.: 7122736.

C 08. Makromolekulare Verbindungen; ihre Herstellung und chemische Verarbeitung; auf diesen Verbindungen beruhende Gemische

C 08f. Polymerisationsprodukte

FRP 2159269 (B). Als die Polymerisation einleitende Verbindung anwendbare Perester. Inh.: Akzo N. V. A. 24. 10. 72, B. 27. 7. 73. Int. Kl.: C 07c 73/00, C 08f 1/00. A.-Z.: 7237624. Prior.: 8. 11. 71 (NL; A.-Z.: 7115321).

GBP 1324955. Kontinuierliches Polymerisationsverfahren. Inh.: ICI Australia Ltd. A. 19. 5. 71, B. 25. 7. 73. Kl.: C3.P, Int. Kl.: C 08f 1/98. A.-Z.: 15811/71. Prior.: 8. 6. 70, 30. 12. 70 (AU; A.-Z.: 1459, 3619). Entspr. FRP 2095964.

GBP 1325473. Verfahren zum Entfernen von Katalysatormetallrückständen aus Polyolefinen und Vorrichtung dafür. Inh.: Snam Progetti S.p.A. A. 4. 11. 70, B. 1. 8. 73. Kl.: C3.P, B1.Q, Int. Kl.: C 08f 1/88. A.-Z.: 52550/70. Prior.: 7. 11. 69 (IT; A.-Z.: 877994).

JAP 7234587. Katalysatoren zur Polymerisation von Olefinen. Erf.: *Kiyoshige Hayashi, Akihiro Kawasaki, Isao Maruyama* u. *Iwao Kameoka.* Inh.: Maruzen Petrochemical Co., Ltd. A. 5. 4. 71, B. 21. 11. 72. Kl.: 26(3) C 111. A.-Z.: 7119851.

USP 3709853. Polymerisation von Äthylen mit Bis-(cyclopentadienyl)-chrom(II)-Trägerkatalysatoren. Erf.: *George L. Karapinka.* Inh.: Union Carbide Corp., New York, N.Y. A. 29. 4. 71, B. 9. 1. 73. Kl.: 260-88,2 D, Int. Kl.: C 08f 1/74, 3/06. 23 Anspr. A.-Z.: 138611 (Zus. z. Pat. m. A.-Z.: 708638. A. 27. 2. 68; Pat. m. A.-Z.: 769696. A. 22. 10. 68; u. Pat. m. A.-Z.: 682045. A. 13. 11. 67). A.-Z.: 708638 entspr. OEP 302652; A.-Z.: 708638 u. 682045 entspr. DTO 1808388, OEP 299536, FRP 1591425 u. GBP 1253063.

DLP 93633. Verfahren zur Massenpolymerisation von Acrylnitril. Erf.: *Paolo Melacini, Luigi Patron, Alberto Moretti* u. *Raffaele Tedesco.* Inh.: Chatillon Soc. An. Italiana per le Fibre Tessili Artificiale S.p.A. (IT). A. 28. 4. 71, B. 5. 11. 72. Kl.: 39b4, 3/76, Int. Kl.: C 08f 3/76. A.-Z.: AP C 08f/154746. Prior.: 28. 4. 70 (IT; A.-Z.: 23963 A/70). Entspr. DTO 2120337 u. FRP 2090767.

JAP 7234496. Polyvinylamidblockcopolymere. Erf.: *Shitomi Katayoma, Hideichi Hirokawa* u. *Noboru Masuda.* Inh.: Denki, Onkyo Co. Ltd. A. 14. 4. 71, B. 22. 11. 72. Kl.: 26(5) E 1. A.-Z.: 7123347. Entspr. DTO 2217469.

JAP 7305886. Suspensionspolymerisation von Vinylchlorid. Erf.: *Shunichi Koyanagi, Hajime Kitamura* u. *Toshihide Shimizu.* Inh.: Shin-Etsu Chemical Industry Co. Ltd. A. 4. 6. 71, B. 25. 1. 73. Kl.: 26(3) B 121.5. A.-Z.: 7138810.IEntspr. DTO 2143604, FRP 2141646 u. USP 3706705.

DTO 2206429. Verfahren zur Herstellung von Niederdruckco- und -terpolymeren des Äthylens geringer Dichte. Erf.: *Fritz Baxmann, Johann Dietrich, Albert Frese* u. *Otto Hahmann.* Anm.: Chemische Werke Hüls AG, 4370 Marl (DT). A. 11. 2. 72, B. 30. 8. 73. Kl.: 39b4, 15/04, Int. Kl.: C 08f 15/04. A.-Z.: P 2206429.

USP 3706718. Katalysator und Verfahren zur Herstellung von EPDM mit verbesserter Verarbeitbarkeit. Erf.: *Frederick C. Loveless* u. *Don H. Miller.* Inh.: Uniroyal Inc., New York, N.Y. A. 10. 5. 71, B. 19. 12. 72. Kl.: 260-80,78, Int. Kl.: B 01j 11/00, C 08f 15/40. 12 Anspr. A.-Z.: 142058.

USP 3706719. Verfahren zum Polymerisieren von Monomeren. Erf.: *Edward P. Goffinet jr.* Inh.: E. I. du Pont de Nemours and Co., Wilmington, Del. A. 6. 10. 71, B. 19. 12. 72. Kl.: 260-80,78, Int. K.l: C 08f 15/40. 4 Anspr. A.-Z.: 187080. Entspr. DTO 2248778 u. FRP 2156029.

USP 3706723. Copolymeres von 3,3,3-Trifluor-2-rrifluormethylpropen und Vinylidenfluorid. Erf.: *Swayambu Chandrasekaran* u. *Max B. Mueller* Inh.: Allied Chemical Corp., New York, N.Y. A. 29. 4. 70, B. 19. 12.72. Kl.: 260-87,7, Int. Kl.: C 08f 15/06. 9 Anspr. A.-Z.: 32944. Entspr. DTO 2117654 u. GBP 1298170.

CHP 539661. Verfahren zur Herstellung von Pfropfcopolymeren und Verwendung derselben. Erf.: *Toramitsu Sakama* u. *Minoru Terakawa.* Inh.: Sumitomo Chemical Co., Ltd., 15, Kitahama-5-chome, Higashi-ku, Osaka (JA). A. 22. 7. 70. Int. Kl.: C 08f 19/00, 41/00. A.-Z.: 11116/70. Prior.: 22. 7. 69 (JA; A.-Z.: 58261/69, 58260/69). Entspr. DTO 2036420.

GBP 1327267. Verfahren zur Herstellung von Lösungen aus lactonisierten Acrylpolymeren. Inh.: Japan Exlan Co. Ltd. A. 5. 10. 70, B. 22. 8. 73. Kl.: C3.P, Int. Kl.: C 08f 27/00. A.-Z.: 47323/70. Prior.: 6. 10. 69 (JA; A.-Z.: 79763, JAP 7236275). Entspr. DTO 2049060 u. OEP 304872.

SUP 390112 (Urheberschein). Verfahren zur Herstellung von zinn(blei)-haltigen Copolymeren des Vinylchlorids. Erf.: *S. I. Sadych-Zade; E. M. Rzaev, S. K. Kjazimov* u. *S. G. Mamedora.* A. 11. 5. 71, B. 11. 7. 73. Int. Kl.: C 08f 27/04. A.-Z.: 1656410/23—5.

USP 3709855. Verfahren zur Herstellung von fluorierten Polymeren. Erf.: *Ronald E. Gilbert.* Inh.: Gulf Research & Development Co., Pittsburgh, Pa. A. 17. 8. 70, B. 9. 1. 73. Kl.: 260-87,3, Int. Kl.: C 08f 27/03. 2 Anspr. A.-Z.: 64512. Entspr. DTO 2140699.

DLP 99390 (Zus. z. Pat 94492). Verfahren zur Herstellung von Formkörpern aus Acrylnitrilpolymerisation. Erf. u. Inh.: *Volker Gröbe,Gerhard Mann* u. *Werner Zibell.* A. 4. 3. 71, B. 5. 8. 73. Kl.: 39b4, 29/00, Int. Kl.: C 08f 29/56. A.-Z.: WP C 08f/153478. Entspr. DTO 2160518 u. FRP 2122872.

USP 3709839 (ausgesch. aus Pat. 3527846. A. 8. 9. 70. A.-Z.: 640808; u. Zus. z. Pat. m. A.-Z.: 124346. A. 17. 7. 71). Faserbildende Komposition mit verbessertem Farbstoffaufnahmevermögen, Verfahren zu deren Herstellung und dabei verwendete neue, basische Stickstoffverbindungen. Erf.: *Vittorio Cappuccio, Cornelio Caldo* u. *Giuseppe Cantatore.* Inh.. Montecatini Edison S.p.A., Mailand (IT). A. 31. 3. 70, B. 9. 1. 73. Kl.: 260-2 BP, Int. Kl.: C 08f 29/12, C 08g 23/12. 4 Anspr. A.-Z.: 13357/71. Prior.: 20. 7. 60, 3. 3. 61, 24. 5. 61 (IT; A.-Z.: 12800/60, 3985/61, 13357/61). A.-Z.: 3985 u. 12800, entspr. CHP 469770 u. GBP 992011. Entspr. DLP 54061, DTO 1469107, u. SWP 330232/71.

GBP 1327354. Diester. Inh.: Stamicarbon N. V. A. 12. 5. 72, B. 22. 8. 73. Kl.: C2.C, C3.P, Int. Kl.: C 07c 69/78, C 08f 45/40. A.-Z.: 22431/72. Prior.: 14. 5. 71 (NL; A.-Z.: 7106621). Entspr. FRP 2137886.

USP 3706677 (Zus. z. Pat. 3532643. A. 23. 2. 67. A.-Z.: 617832). Polyxylylidengegenstände. Erf.: *Ritchie A. Wessling* u. *Ray G. Zimmermann.* Inh.: The Dow Chemical Co., Midland, Mich. A. 5. 10. 70, B. 19. 12. 72. Kl.: 260-2 H, Int. Kl.: C 08f 47/00. 14 Anspr. A.-Z.: 78154.

C 08g. Polykondensations- und Polyadditionsprodukte

DTO 2263606. Stabilisierte Polyacetale, Verfahren zu deren Herstellung und deren Verwendung. Erf.: *Jacob Ackermann, Pierino Radici* u. *Pietro, Erini.* Anm.: Societa Italiana Resine S.I.R., S.p.A., Mailand (IT). A. 27. 12. 72 B. 2. 8. 73. Kl.: 39b5, 1/22, Int. Kl.: C 08g 1/22. A.-Z.: P 2263660. Prior.: 27. 12. 71, 20. 9. 72 (IT; A.-Z.: 32947 A/71, 29424 A/72).

JAP 7239497. Herstellung von Polyestern. Erf.: *Kazuya Chimura, Kazuo Ito, Shunichi Takashima, Mizuo Shindo* u. *Yoshio Shimoshinbara*. Inh.: Mitsubishi Rayon Co. Ltd. A. 30. 4. 71, B. 7. 12. 72. Kl.: 26(5) D 12, 26(5) D 101.21. A.-Z.: 7128665.

JAP 7307093. Isophthalsäureamidester-Copolymere. Erf.: *Shuji Ozawa, Takashi Noma, Masakatsu Fukuhara, Kiichiro Matsuda, Akihiro Aoki* u. *Hideo Watase*. Inh.: Teijin Ltd. A. 8. 6. 71, B. 29. 1. 73. Kl.: 26(5) E 122. A.-Z.: 7140048.

USP 3714125. Zur Polyesterpolykondensation zugefügte aromatische o-Carbonate. Erf.: *Takeo Shima, Takanori Urasaki* u. *Isao Oka*. Inh.: Teijin Ltd., Osaka (JA). A. 15. 3. 71, B. 30. 1. 73. Kl.: 260-75 M, Int. Kl.: C 08g 17/015. 12 Anrpr. A.-Z.: 124507. Prior.: 19. 3. 70 (JA; A.-Z.: 45/23285). Entspr. DTO 2113442, FRP 2083426 u. GBP 1327711.

DTO 1770195. Verfahren zur Erhöhung der Färbbarkeit von synthetischen linearen Polyamiden. Erf.: *Humio Kobayashi, Hiroshi Sakata, Takesi Mizoguti, Akio Sasaki* u. *Tsuyoshi Nakamura*. Anm.: Unitika K. K., Amagasaki, Hyogo (JA). A. 11. 4. 68, B. 23. 8. 73. Kl.: 39b5, 20/38, Int. Kl.: C 08g 20/38. A.-Z.: P 1770195. Prior.: 11. 4. 67, 16. 9. 67, 18. 9. 67, 15. 12. 67, 11. 1. 68, 18. 1. 68 (JA; A.-Z.: 22566/67, 59306/67, 59307/67, 58308/67, 59696/67, 59697/67, 80363/67, 1491/68, 2777/68). A.-Z.: 22566/67 u. 1491/68 entspr. GBP 1221493. Entspr. FRP 1574077.

DTO 2206017. Verfahren zur Herstellung von linearen, aromatischen Mischpolyamiden sowie Fäden, Fasern und Folien daraus. Erf.: *Erich Blöcker* u. *Franz Jakob*. Anm.: Farbwerke Hoechst AG vorm. Meister Lucius & Brüning, 6000 Frankfurt (DT). A. 9. 2. 72, B. 23. 8. 73. Kl.: 39b5, 20/00, Int. Kl.: C 08g 20/00. A.-Z.: P 2206017.

USP 3709865. Verfahren zur Herstellung von kationisch anfärbbarem Polycaprolactam. Erf.: *Robert Alden Lofquist, Lamberto Crescentini* u. *Robert Charles Wincklhofer*. Inh.: Allied Chemical Corp., New York, N.Y. A. 1. 4. 71, B. 9. 1. 73. Kl.: 260-18 N, Int. Kl.: C 08g 20/12. 16 Anspr. A.-Z.: 130441. Entspr. DTO 2215515.

DTO 2204470. Urethan-Elastomere mit einem Gehalt an modifizierenden Polyimido-Verbindungen. Erf.: *Richard Alan Dunbar, Kenneth Robert Lea* u. *Norman Wendell Boe*. Anm.: Monsanto Co., St. Louis, Mo. (US). A. 31. 1. 72, B. 9. 8. 73. Kl.: 39b5, 22/34, Int. Kl.: C 08g 22/34. A.-Z.: P 2204470.

SUP 387551. (Urheberschein). Kontinuierliches Verfahren zur Herstellung von Polyurethanen in Lösung. Erf.: *Henry Albert Mommaert* u. *Wilfried Jean Melaert*. Anm.: Union Chimique-Chemische Bedrijven (BE). A. 18. 3. 69, B. 21. 6. 73. Int. Kl.: C 08g 22/04. A.-Z.: 1315882/23–5. Prior.: 18. 3. 69 (BE; A.-Z.: 12934).

USP 3714266. Verfahren zur Polymerisation von Tetrahydrofuran. Erf.: *Kazuo Matsuda, Yoshiaki Tanaka, Takeyo Sakai* u. *Ichiro Iwasa*. Inh.: Kao Soap Ev., Ltd., Tokio (JA). A. 10. 3. 70, B. 30. 1. 73. Kl.: 260-615 B, Int.: Kl. C 07d 41/00, 43/00. 6 Anspr. A.-Z.: 18298. Prior.: 18. 3. 69 (JA;4 A.-Z.: 4/20665). Entspr. DTO 2012528, FRP 2038964 u. GBP 1285002.

JAP 7234998. Poly(4-amino-1,2,4-triazole). Erf.: *Akira Kotone* u. *Masahira Hoda*. Inh.: Sakai Chemical Industry Co. Ltd. A. 14. 4. 71, B. 22. 11. 72 Kl.: 26(5) MO. A.-Z.: 7124001.

DTO 2207360. Verfahren zur Herstellung von Polycarbonatlösungen. Erf.: *Werner Stieler, Rolf Oelmeyer, Heinrich Haupt* u. *Hugo Vernaleken*. Anm.: Bayer AG, 5090 Leverkusen (DT). A. 17. 2. 72, B. 30. 8. 73. Kl.: 39b5, 39/00, Int. Kl.: C 08g 39/00. A.-Z.: P 2207360.

DTO 2301688. Mittels UV-Licht härtbare stabilisierte Form- und Überzugsmassen. Erf.: *Lodewijk Roskott, Arnoldus Adrianus Maria Groenendaal* u. *Hans Jaspers*. Anm.: Akzo GmbH, 5600 Wuppertal (DT). A. 13. 1. 73, B. 9. 8. 73. Kl.: 39b5, 39/06, Int. Kl.: C 08g 39/06. A.-Z.: P 2301688. Prior.: 4. 2. 72 (NL; A.-Z.: 7201453).

GBP 1326449. Amide und ihre Anwendung als Hitzestabilisatoren für Polyoxymethylen. Inh.: Ube Industries Ltd. A. 2. 6. 71, B. 15. 8. 73. Kl.: C2.C, Int. Kl.: C 07c 121/00, 103/30, 51/60, C 08g 37/02. A.-Z.: 18629/71. Prior.: 2. 6. 70, 2. 10. 70 (JA; A.-Z.: 46926, 85895). A.-Z.: 46926 entspr. FRP 2093983, Entspr. DTO 2126760,

Sektion D. Textilien und Papier

TEXTILIEN

D 01. Natürliche oder künstliche Fäden oder Fasern; Spinnen

D 01d. Mechanisches Verfahren und Vorrichtungen für die Herstellung von künstlichen Fäden, Gespinsten, Fasern, Borsten oder Bändern

DTO 2205506. Verfahren und Vorrichtung zum Herstellen von Fasern. Erf.: *Erhard Dörre, Emil Klingler* u. *Günter Ziegler*. Anm.: Feldmühle Anlagen- und Produktionsgesellschaft mbH, 4000 Düsseldorf (DT). A. 5. 2. 72, B. 9. 8. 73. Kl.: 29a, 6/30, Int. Kl.: D 01d 1/00. A.-Z.: P 2205506.

DLP 99616. Verfahren zur Herstellung von diskontinuierlichen Fibrillen. Erf.: *Carlo Raganato* u. *Georges Voituron*. Inh.: Solvay & Cie. (BE). A. 4. 8. 72, B. 12. 8. 73. Kl.: 29a, 6/31, Int. Kl.: D 01d 5/00. A.-Z.: AP D 01d/164871. Prior.: 6. 8. 71 (LU; A.-Z.: 63680). Entspr. DTO 2237203 u. FRP 2148450.

DTO 2204526. Verfahren zur Herstellung von Mehrkomponentenfäden. Erf.: *Heinz Schippers*. Anm.: Barmag Barmer Maschinenfabrik AG, 5600 Wuppertal (DT). A. 1. 2. 72, B. 23. 8. 73. Kl.: 29a, 6/20, Int. Kl.: D 01d 5/22. A.-Z.: P 2204526.

DTO 2204535. Schmelzpinn- und Streckverfahren. Erf.: *Heinz Schippers*. Anm.: Barmag Barmer Maschinenfabrik AG, 5600 Wuppertal (DT). A. 1. 2. 72, B. 23. 8. 73. Kl.: 29a, 6/31, Int. Kl.: D 01d 5/12. A.-Z.: P 2204535.

DTO 2208921. Verfahren und Vorrichtung zur Herstellung von Kurzfasern aus thermoplastischen Kunststoffen. Erf.: *Heribert Kürten, Otto Nagel, Richard Sinn, Werner Weinle* u. *Peter Engler*. Anm.: Badische Anilin- & Soda-Fabrik AG, 6700 Ludwigshafen (DT). A. 25. 2. 72, B. 6. 9. 73. Kl.: 29a, 6/05, Int. Kl.: D 01d 5/26, D 01g 1/00. A.-Z.: P 2208921.

GBP 1327842. Verfahren zur Herstellung gekräuselter Fäden und daraus erhaltene Produkte. Inh.: VEB Textilkombinat Cottbus. A. 30. 6. 71, B. 22. 8. 73. Kl.: B5.B, D1.F, Int. Kl.: D 01d 5/00, D 02g 1/00. A.-Z.: 30650/71.

USP 3713190. Verfahren zum Verbreitern und Verengen eines Bandes aus Fasern oder Fäden. Erf.: *Masahide Yazawa, Haruhisa Tani, Masaki Matsumoto* u. *Yasuo Sasaki*. Inh.: Polymer Processing Research Institute, Ltd., Tokio (JA). A. 19. 6. 70, B. 30. 1. 73. Kl.: 19-65 T, Int. Kl.: D 01d 11/02. 4 Anspr. A.-Z.: 47775. Prior.: 3. 7. 69 (JA; A.-Z.: 44/52635). Entspr. DTPO 2032851.

D 01f. Chemische Gesichtspunkte bei der Herstellung von künstlichen Fäden, Gespinsten, Fasern, Borsten oder Bändern

JAP 7233195. Anfärbbare Polyester. Erf.: *Masao Mizuno*. Inh.: Kuraray Co. Ltd. A. 12. 3. 71, B. 17. 11. 72. Kl.: 26(5) D 122.2. A.-Z.: 7113863.

DLP 99618. Verfahren zur Herstellung von Formkörpern aus Polymermischungen. Erf. u. Inh.: *Dieter Paul, Dieter Bartsch, Heinz-Jürgen Gensrich, Horst Luther, Wolfgang Sonnenkalb, Theodor Kreuter, Ulrike Franke* u. *Günter Pauli*. A. 25. 9. 72, B. 12. 8. 73. Kl.: 29b, 3/30, Int. Kl.: D 01f 3/10. A.-Z.: WP D 01f/166027.

JAP 7306010. Mattierte Viskosegarne. Erf.: *Koichi Yasui*. Inh.: Asahi Chemical Industry Co. Ltd. A. 9. 6. 71, B. 25. 1. 73. Kl.: 42B 11. A.-Z.: 7140154.

JAP 7311422. Kontinuierliche Herstellung von Viskose für polynosische Faserstoffe. Erf.: *Koichi Yasui* u. *Toshiaki Norimatsu*. Inh.: Asahi Asahi Chemical Industry Co. Ltd. A. 28. 6. 71, B. 13. 2. 73. Kl.: 42 B 11. A.-Z.: 7146337.

SUP 389184 (Urheberschein). Verfahren zur Herstellung von Fibroinfaserstoff. Erf.: *P. M. Aširov, N. N. Bašmakov, G. K. Vajcel'* u. *B. I. Zubovič*. Anm.: Tadžikskij gosudarstvennyj universitet i Proektnokonstruktorskoe i technologičeskoe Bjuro Ministerstva legkoj promyšlennosti Tadžikskoj SSR. A. 9. 2. 71, B. 5. 7. 73. Int. Kl.: D 01f 5/02. A.-Z.: 1619428/23–5.

DTO 2308996. Fasern aus polyolefinischen Materialien und Verfahren zu ihrer Herstellung und Verwendung. Erf.: *Paolo Galli* u. *Paolo Parrini*. Anm.: Montecatini Edison S.p.A., Mailand (IT). A. 23. 2. 73, B. 6. 9. 73. Kl.: 29b, 3/60, Int. Kl.: D 01f 7/04. A.-Z.: P 2308996. Prior.: 25. 2. 72, 30. 1. 73, 1. 3. 73 (IT; A.-Z.: 21055 A/72, 19786 A/73, 19921 A/73).

GBP 1325107. Polyesterfäden und ihre Herstellung. Inh.: Teijin Ltd. A. 1. 8. 71, B. 1. 8. 73. Kl.: B5.B, Int. Kl.: D 01f 7/04, 7/06. A.-Z.: 37484/71.

GBP 1327927. Verfahren zur Herstellung von Faserstoffen. Inh.: Chatillon S.A. A. 28. 5. 71, B. 22. 8. 73. Kl.: B5.B, Int. Kl.: D 01f 1/02, 7/06. A.-Z.: 18063/71. Prior.: 1. 6. 70 (IT; A.-Z.: 25392). Entspr. DTO 2126815 u. FRP 2095702.

JAP 7230993. Acrylfaserstoffe mit verbesserter Transparenz. Erf.: *Hiroyoshi Tanaka, Masakazu Yasui, Hideharu Miraharu* u. *Shigeru Fujii*. Inh.: Toray Industries, Inc. A. 30. 3. 71, B. 10. 11. 72. Kl.: 42 D 24. A.-Z.: 7118409.

JAP 7234441. Acrylnitrilpolymerkompositionen. Erf.: *Hiroyoshi Tanaka, Shigeru Fujii, Masamoto Watanabe* u. *Tadashi Kato*. Inh.: Toray Industries, Inc. A. 22. 3. 71, B. 21. 11. 72. Kl.: 25(1) C 178, 25(1) C 142.181. A.-Z.: 7115766.

JAP 7234796. Polyester mit gutem Weißgrad. Erf.: *Kazuya Chimura, Kazuo Ito, Shunichi Takashima, Yoshihiro Shimoshinbora* u. *Kazuo Shindo*. Inh.: Mitsubishi Rayon Co. Ltd. A. 8. 4. 71, B. 22. 11. 72. Kl.: 26(5) D 12. A.-Z.: 7121952.

JAP 7235321. Starre Polyvinylchloridfäden. Erf.: *Masashi Ito, Sadaharu Ishikawa* u. *Shiro Suzuki*. Inh.: Kureha Chemical Industry Co. Ltd. A. 13. 4. 71, B. 24. 11. 72. Kl.: 42 D 231, 42 D 21, 24(1) C 121.8. A.-Z.: 7122721.

JAP 7239718. Polyesterfaserstoffe aus Rohterephthalsäure. Erf.: *Takaaki Tsuji*. Inh.: Kuraray Co. Ltd. A. 23. 4. 71, B. 8. 12. 72. Kl.: 42 D 12. A.-Z.: 7126959.

JAP 7300756. N-(Hydroxyäthyl)caprolactampolymere enthaltende antistatische Polyamidfaserstoffe. Erf.: *Yutaka Fujita* u. *Keiichi Moriyama*. Inh.: Teijin Ltd. A. 21. 5. 71, B. 8. 1. 73. Kl.: 25(1) D 41. 25(1) A 251.21. A.-Z.: 7134580.

JAP 7301418. Polyámaidfaserstoffe. Erf.: *Yoshizo Tsuda, Tomohiko Asahara*. Inh.: Toray Industries, Inc. A. 28. 5. 71, B. 10. 1. 73. Kl.: 42 D 11. A.-Z.: 7136300.

JAP 7304717. Flammfeste Acrylfaserstoffe. Erf.: *Shunichiro Kurioka, Taizo Yasumoto, Masaharu Fujii, Tetsuo Kashima* u. *Masahiko Morimoto*. Inh.: Kanegafuchi Chemical Industry Co. Ltd. A. 7. 6. 71, B. 22. 1. 73. Kl.: 42 D 24, 42 D 231, 42 D 232. A.-Z.: 7140393.

JAP 7310325. Pillbeständige Acrylfaserstoffe. Erf.: *Hiroshi Kanno* u. *Kazuo Okamoto*. Inh.: Kanegafuchi Co. Ltd. A. 18. 6. 71, B. 9. 2. 73. Kl.: 42 D 24. A.-Z.: 7144152.

JAP 7311432. Stark schrumpffähige Polyäthylenterephthalatfaserstoffe. Erf.: *Atsushi Saito, Hisashi Irie* u. *Eiichi Kudo*. Inh.: Kanebo Co. Ltd. A. 28. 6. 71, B. 13. 2. 73. Kl.: 42 D 12. A.-Z.: 7147024.

D 01g. Vorbehandlung der Fasern, z. B. zum Verspinnen

DTO 2206255. Vorrichtung zum Zerschneiden von Endlosgut, z. B. Herstellen von Stapeln aus Chemiefasern. Erf. nicht genannt. Anm.: Vepa AG, Basel (CH). A. 10. 2. 72, B. 16. 8. 73. Kl.: 29a, 6/05, Int. Kl.: D 01g 1/04. A.-Z.: P 2206255 (Zus. z. Anm. m. A.-Z.: P 2119821).

DO 2. Garne; mechanische Veredlung von Garnen oder Seilen; Schären oder Bäumen

D 02g. Kräuseln oder Krimpfen (Texturieren) von Fasern, Fäden, Zwirnen oder Garnen; Garne oder Zwirne

DTO 2205420. Sicherungsvorrichtung für Falschdrahtspindeln. Erf.: *Hans-J. Haschke* u. *Gisbert Köhler*. Anm.: SKF Kugellagerfabriken GmbH 8720 Schweinfurt (DT). A. 5. 2. 72, B. 9. 8. 73. Kl.: 29a, 6/20, Int. Kl.: D 02g 1/06. A.-Z.: P 2205420.

DTO 2207780. Kräuselhülse für eine Fadenkräuselmaschine. Erf.: *Osmo Juhani Ivanto*. Anm.: Spinner Oy, Karakallio (SF). A. 18. 2. 72, B. 2. 8. 73. Kl.: 29a, 6/20, Int. Kl.: D 02g 1/04. A.-Z.: P 2207780. Prior.: 31. 12. 71 (SF; A.-Z.: 3758/71).

USP 3706192. Verfahren und Vorrichtung zum Falschzwirnen von synthetischen Garnen. Erf.: *Bertus Leibbrand, Johan J. Mertens, Harm A. Ploeger, Robert Sluijters* u. *Leendert van Aassendelft*. Inh.: Akzona Inc., Asheville, N. C. A. 8. 10. 70, B. 19. 12. 72. Kl.: 57-34 HS, Int. Kl.: D 02 g1/16, 1/02. A.-Z.: 79231. 11 Anspr. Prior.:14. 10. 67 (NL; A.-Z.: 6915479, 6915480, 6915481, 6915482). Entspr.DTO 2050493 u. FRP 2065933.

USP 3707745. Texturierung von Garn. Erf.: *Ronnie D. Nikkel*. Inh.: Phillips Petroleum Co. A. 16. 12. 70, B. 2. 1. 73. Kl.: 28-1,3, Int. Kl.: D 02g 1/20, 1/12, 1/16. 8 Anspr. A.-Z.: 98668. Entspr. DTO 2155094 u. FRP 2113633.

USP 3707837. Fibrillierverfahren. Erf. u. Inh.: *John D. Gibbon*. 7000 Thermal Rd., *N. C. Charlotte* A. 9. 9. 70, B. 2. 1. 73. Kl.: 57-157 F, Int. Kl.: D 02g 1/16. 5 Anspr. A.-Z.: 70713 (Zus. z. Pat. m. A.-Z.: 59383. A. 30. 7. 70). A.-Z.: 59383 vgl. auch USP 3695025.

USP 3707838. Verfahren zur Herstellung von Stapelfasern. Erf.: *Oskar Dorschner, Franz Josef Carduck* u. *Norbert Kuhne.* Inh.: Metallgesellschaft AG, Frankfurt/M. (DT). A. 25. 8. 69, B. 2. 1. 73. Kl.: 57-157 R, Int. Kl.: D 02g 1/16, D 04h 3/00. 17 Anspr. A.-Z.: 3259. Prior.: 13. 2. 69, 24. 8. 68 (DT; A.-Z.: P 1907205, DTO 1907205 u. P 1785203, DTO 1785203). Entspr. OEP 310341, CHP 525968 u. GBP 1260427.

USP 3708970 .Verfahren zur Garnherstellung. Erf.: *Iain Mackay MacFarlane.* Inh.: Fiber Industries, Inc. A. 29. 1. 71, B. 9. 1. 73. Kl.: 57-140 R, Int. Kl.: D 02g 1/02. 15 Anspr. A.-Z.: 110985. Entspr. DTO 2203908 u. FRP 2124935.

D 02j. Veredeln oder Ausrüsten von Fäden, Garnen, Zwirnen, Schnüren, Seilen oder dgl.

JAP 7239719. Kaltrecken von Polyesterätherfäden. Erf.: *Teijiro Arai.* Inh.: Eiteru, Inc. A. 24. 4. 71, B. 8. 12. 72. Kl.: 42 D 12. A.-Z.: 7126865.

PAPIER

D 21. Papierherstellung; Gewinnung von Cellulose bzw. Zellstoff

D 21c. Gewinnung von Cellulose durch Abscheiden nicht-celluloseartiger Substanzen von cellulosehaltigen Stoffen; Wiedergewinnung der Zellstoffablaugen; Vorrichtungen dafür

SWP 358679. Schwefelfreies Verfahren zur Herstellung von Zellstoff. Erf.: *D. W. Clayton, R. M. A. T. de Montigny* u. *N. Liebergott.* Inh.: Pulp and Paper Research Institute of Canada, Pointe Claire (CA). A. 29. 11. 68, B. 6. 8. 73. Int. Kl.: D 21c 3/02. A.-Z.: 16324/68. Prior.: 15. 12. 67 (CA; A.-Z.: 7696).

SUP 389194 (Urheberschein). Verfahren zur Herstellung von Zellstoff. Erf.: *K. A. Vejnov, M. D. Babuškina, L. M. Volina* u. *Z. I. Beljackaja.* Anm.: Central'nyj naučno-issledovatel'skij Institut bumagi. A. 23. 6. 71, B. 5. 7. 73. Int. Kl.: D 21c 3/02. A.-Z.: 1677033/23 – 4.

SUP 390219 (Urheberschein). Verfahren zur Herstellung von Sulfitzellstoff Erf.: *M. G. Eliašberg* u. 4 weitere. Anm.: Vsesojuznyj naučno-issledovatel'skij Institut celljuloznobumažnoj promyšlennosti. A. 23. 12. 69, B 11. 7. 73. Int. Kl.: D 21c 3/06, 3/26. A.-Z.: 1387515/23 – 4.

DTO 2309119. Ein Verfahren zu selbsttätiger Steuerung eines auf Zellstoff gerichteten Bleichprozesses. Erf.: *Jaakko Erkki Olavi Soininen, Pent; Hyväri* u. *Aarne J. Valkama.* Anm.: OY Kaukas AB, Lappeenrantat u. OY Nokia AB, Helsinki (SF). A. 23. 2. 73, B. 6. 9. 73. Kl. 55c, 1, Int. Kl.: D 21c 9/10. A.-Z.: P 2309119. Prior.: 28. 2. 72 (SF; A.-Z.: 520/72).

SUP 387061. (Urheberschein). Vorrichtung zum Verdichten von Fasermaterial. Erf.: *B. M. Astambovskij* u. 8 weitere. Anm.: Central'nyj naučno-issledovatel'skij i proektno-konstruktorskyj Institut po proektirovaniju oborudovanija dlja celljulozno-bumažnoj Promyšlennosti, A. 7. 7. 71, B. 21. 6. 73. Int. Kl.: D 21c 9/18. A.-Z.: 1685700/29 – 33.

Sektion G. Physik

G 01. Messen; Prüfen

G 01b. Messen der Länge, der Dicke oder von ähnlichen linearen Dimensionen; Messen von Winkeln; Messen von Flächen; Messen von Unregelmäßigkeiten von Flächen oder Umrissen

SUP 389393 (Urheberschein). Verfahren zur Bestimmung der mittleren Faserlänge. Erf.: *A. P. Gusev* u. *K. P. Michnevič.* A. 15. 6. 71, B. 5. 7. 73. Int. Kl.: G 01b 7/08. A.-Z.: 1671556/25 – 28.

G 01n. Untersuchen der chemischen oder physikalischen Eigenschaften von Stoffen

SUP 387244 (Urheberschein). Vorrichtung zur Entnahme von Flüssigkeitsproben aus Fasersuspensionen. Erf.: *V. I. Vedeneev.* Anm.: Marijskij filial Vsesojuznogo naučno-issledovatel'skogo Instituta celljuloznobumažnoj Promyšlennosti. A. 17. 12. 71, B. 21. 6. 73. Int. Kl.: G 01n 1/10. A.-Z.: 1726498/23 – 26.

SUP 387251 (Urheberschein). Verfahren zur Bewertung der Kräuselungsbeständigkeit texturierter synthetischer Fäden. Erf.: *V. I. Šakina* u. *M. P. Nosov.* A. 26. 7. 71, B. 21. 6. 73. Int. Kl.: G 01n 3/08. A.-Z.: 1687747/28 – 12.

USP 3712124. Festigkeitsprüfgerät für haarähnliche Fasern. Erf.: *George J. Lutz.* Inh.: North Washington Boulevard, Arlington, Va. A 1. 10. 71, B. 23. 1. 73. Kl.: 73-95, Int. Kl.: G 01n 3/14. 11 Anspr. A.-Z.: 185576.

SUP 389441 (Urheberschein). Rotationsviskosimeter. Erf.: *A. N. Sundukov P. A. Ivanov* u. *Ju. K. Makaryčev.* Anm.: Gor'kovskij issledovatel'skij fiziko-techničeskij Institut. A. 27. 3. 72, B. 5. 7. 73. Int. Kl.: G 01n 11/14. A.-Z.: 1763810/26 – 25.

SUP 387264 (Urheberschein). Verfahren zur Bestimmung der relativen Molekülmasse von Polymeren. Erf.: *A. A. Kirijanenko, V. A. Gruzdev* u. *L. P. Ljutin.* Anm.: Institut teplofiziki Sibirskogo otdelenija AN SSSR. A. 13. 1. 72, B. 21. 6. 73. Int. Kl.: G 01n 13/00. A.-Z.: 1738375/26 – 25.

DTO 2303607. Verfahren und Vorrichtung zur Prüfung der Qualität von Garnen, Fäden od. dgl. Erf.: *Toshiro Sasaki* u. *Katsuaki Kuroda.* Anm.: Kurashiki Boseki K. K., Kurashiki, Okayama (JA). A. 25. 1. 73, B. 23. 8. 73. Kl.: 42k, 50, Int. Kl.: G 01n 33/36. A.-Z.: P 2303607. Prior.: 26. 1. 72, 16. 6. 72 (JA; A.-Z.: 10153/72, 60660/72).

Literaturschau

Auszug aus Lieferung 23/24/1973 der Literaturschau „Faserstoffe und Textiltechnik", zusammengestellt von der Abteilung Information und Dokumentation des Instituts für Polymerenchemie der AdW der DDR, 153 Teltow-Seehof, Kantstr. 55

I. Wissenschaftliche Grundlagen

Allgemeines

(Untersuchungsmethoden u. a.)

Seifert, G.: Der Einsatz von Elektronenrechnern in der Analysenmeßtechnik, Teil II. Wiss. u. Fortschr. **23** (1973) 9, S. 420 – 424.

Rodriguez, F.: Graphische Lösung der Martin-Gleichung. J. Polymer Sci.: Polymer Letters **11** (1973) 7, S. 485 – 486.

Wichterle, K.: Wärmeübertragung bei laminarer Strömung. IV. Einfluß der temperaturabhängigen Viskosität. Coll. czechoslov. chem. Commun. **38** (1973) 10, S. 3094 – 3102. (engl.).

Kato, Y., Hashimoto, T.: Verbreiterungseffekt in der Gelchromatographie. Kobunshi Kagaku, Tokyo (Chem. High Polymers) **30** (1973) 339(7), S. 409 – 413 (jap.; engl. Zusammenfass.).

Jau-Yi Chuang, J. F. Johnson: Gelchromatographie: Differentielle Operation. J. appl. Polymer Sci. **17** (1973) 7, S. 2123 – 2129.

Braun, D., Čanji, E.: Pyrolyse-Gaschromatographie von Dien-Polymeren. I. Meßmethode. Angew. makromol. Chemie, Basel **33** (1973) S. 143 – 151.

Physik und Chemie der Hochpolymeren

Ellis, P., Munden, D. L.: Theoretische und experimentelle Untersuchung an leinwandbindigen Geweben mit symmetrischer Fadendichte. Teil III. Die Geometrie leinwandbindiger Gewebe. J. Textile Inst. **64** (1973) 10, S. 565 – 571.

Zabrodin, V. B., Zykov, V. I., Čuj, G. N.: Verteilung der relativen Molekülmassen von Abschnitten der Hauptkette zwischen Vernetzungspunkten in vernetzten Polymeren. Vysokomol. Soed. (Hochmol. Verbind.) Serie B: Kratkie Soobšč. (Kurzmitt.) **15** (1973) 9, S. 678 – 681.

Small, P. A.: Einfluß der langen Seitenketten auf die Polymerisationsgradverteilung. 2. Polmyer, London **14** (1973) 10, S. 524 – 525.

Fljate, D. M., Grunin, Ju. V.: Untersuchung der Wechselwirkung von Wasser mit Cellulose mit Hilfe der KMR-Relaxation. Bumaž. Prom. (Papier-Ind.) (1973) 10, S. 1 – 3.

Bullock, A. T., Cameron, G. G., Smith, P. M.: ESR-Untersuchungen von spinmarkierten Polymeren: Teil 5. Synthese und Charakterisierung von metamarkiertem Polystyrol. Polymer, London **14** (1973) 10, S. 525 – 526.

Gervais, M., Gallot, B.: Phasendiagramm und Strukturuntersuchung von Polystyrol-Polyäthylenoxid-Blockcopolymeren. 1. Polystyrol/Polyäthylenoxid/Diäthylphthalat-Systeme. Makromol. Chemie **171** (1973) S. 157 – 178 (engl.).

Mark, J. E.: Abmessungen statistischer Knäuel und Dipolmomente von Propylen-Vinylchlorid-Copolymeren. J. Polymer Sci.: Polymer Physics Ed. **11** (1973) 7, S. 1375 – 1383.

Slucker, L. I., Utevskij, L. E., Čerejskij, Z. Ju., Stark, I. M., Min'kova, N. D.: Deformierbarkeit der Langperiodenstruktur von orientiertem Polyimid PM. Vysokomol. Soed. (Hochmol. Verbind.) Serie A **15** (1973) 10, S. 2372 – 2377.

Dondos, A., Rempp, P., Benoit, H.: Untersuchung von Konformationsübergängen in Polymerketten in verdünnter Lösung. Makromol. Chemie **171** (1973) S. 135 – 144 (engl.).

Roe, R.-J., Gieniewski, C., Vadimsky, R. G.: Lamellenverdickung in unter niedrigem und hohem Druck getemperten Polyäthyleneinkristallen. J. Polymer Sci.: Polymer Physics Ed. **11** (1973) 8, S. 1653 – 1670.

Cooper, M., Manley, R. St. J.: Wachstumskinetik von Polyäthylenkristallen aus verdünnter Xylollösung. J. Polymer Sci.: Polymer Letters **11** (1973) 6, S. 363 – 367.

Gol'dberg, V. M., Ėl'darov, Ė. G., Akutin, M. S., Toptygin, D. Ja.: Kristallisation von Polyäthylen aus verdünnten Lösungen durch Ausfällen in einem Temperaturgefälle. Vysokomol. Soed. (Hochmol. Verbind.) Serie B: Kratkie Soobšč. (Kurzmitt.) **15** (1973) 9, S. 686 – 689.

Sanchez, I. C., Eby, R. K.: Kristallisation von statistischen Copolymeren. J. Res. Nat. Bur. Standards, A: Physics and Chemistry **77** (1973) 3, S. 353 – 358.

Maley, T. R., Martin, C. G.: Elastizitätsmodul von linearen Polymerkristallen. Polymer, London **14** (1973) 10, S. 491 – 496.

Eastmond, G. C., Smith, E. G.: Eine Ätzmethode für morphologische Untersuchungen an Mehrphasen-Polymersystemen, die Polycarbonate enthalten. Polymer, London **14** (1973) 10, S. 509 – 514.

Fedorova, V. V., Charitonov, V. V.: Mehrfacher Kettenabbruch in Gegenwart einiger Inhibitoren bei der Oxydation von Polyäthylenschmelzen. Izv. Akad. Nauk SSSR, Serija chim. (Nachr. Akad. Wiss. UdSSR, Chemie) (1973) 10, S. 2331 – 2333.

Philipp, B.: Wechselbeziehung zwischen chemischer Umsetzung und übermolekularer Struktur bei der Modifizierung von Polymeren. Faserforsch. u. Textiltechnik **24** (1973) 11, S. 437 – 444.

Berlin, A. A., Ivanov, A. A., Movtrovcev, I. I. (Schreibw. i. Orig.: *Mirotvortser, I. I.*): Inhibierungsaktivität und thermooxydative Beständigkeit der Produkte der oxydativen Dehydropolykondensation von Diphenylamin. J. Polymer Sci.: Polymer Symposia (1973) 40, S. 175 – 181.

Roller, M. B., Gillham, J. K. ,Kennedy, J. P.: Thermomechanisches Verhalten eines Polynorbornadiens. J. appl. Polymer Sci. **17** (197)3) 7, S. 2223 – 2233.

Roy-Chowdhury, P., Kale, K. M.: Die adiabatische Kompressibilität einer polyzweibasischen Säure in wäßriger Lösung: Styrol/Maleinsäure-Copolymeres. Makromol. Chemie **171** (1973) S. 145 – 155 (engl.).

Hinojosa, O., Arthur, J. C., jr., Mares, T.: Thermisch initiierte Frei-Radikal-Oxydation der Cellulose. Textile Res. J. **43** (1973) 10, S. 609 – 614.

Braun, D., Berger, J.: csi-trans-Photoisomerisierung in Copolymeren aus Styrol oder Methylmethacrylat mit 4-Vinyl-4'-dimethylaminoazobenzol in Lösung. Makromol. Chemie **171** (1973) S. 83 – 92.

Collins, G .C. S., Lowe, A. C., Nicholas, D.: Untersuchung der durch Glimmentladungen modifizierten PTFÄ-Oberflächen. European Polymer J. **9** (1973) 11, S. 1173 – 1185.

Hayakawa, R., Wada, Y.: Piezoelektrizität und verwandte Eigenschaften von Polymerfilmen. Advances Polymer Sci./Fortschritte Hochpolymeren-Forsch. **11** (1973) S. 1–55 (engl.).

Wall, L. A., Straus, S., Florin, R. E., Fetters, L. J.: Pyrolyse von anionisch und thermisch hergestellten Polystyrolen. J. Res. Nat. Bur. Standards, A: Physics and Chemistry **77** (1973) 1, S. 157–170.

Vitagliano, V., Sartorio, R., Acampora, A., Costantino, L., Wurzburger, S.: Massenübertragungszahlen für Natriumpolyacrylat in wäßrigen Lösungen. European Polymer J. **9** (1973) 9, S. 909–918.

Fleissner, M.: Die Schwellrate von Polyäthylenschmelzen in Relation zu molekularen Parametern. Angew. makromol. Chemie, Basel **33** (1973) S. 75–87.

Wündrich, K.: Einfluß der Molekülbewegungen auf strahlungsinduzierte Reaktionen in Polymeren. J. Polymer Sci.: Polymer Physics Ed. **11** (1973) 7, S. 1293–1300.

Bolotnikova, L. S., Zak, A. G., Lišanskij, I. S., Malyšev, D. A., Panov, Ju. N., Frenkel', S. Ja.: Einfluß der Molekülcharakteristiken auf das hydrodynamische Verhalten von Copolymeren des 2-Äthylhexylmethacrylats mit Acrylsäure in Lösungsmittelgemischen. Vysokomol. Soed. (Hochmol. Verbind.) Serie A **15** (1973) 10, S. 2296–2299.

Jellinek, H. H. G.: Reaktionen linearer Polymerer mit Stickstoffdioxid und Schwefeldioxid. Textile Res. J. **43** (1973) 10, S. 557–560.

Zimmermann, H., Dao duy Chu: Untersuchungen zur Kinetik des metallionenkatalysierten thermischen Abbaus von Polyäthylenterephthalat. Faserforsch. u. Textiltechnik **24** (1973) 11, S. 445–452.

Mori, K., Nakamura, Y.: Reaktion von Polyvinylchlorid mit Äthylendiaminhydrotrisulfid und Eigenschaften der Produkte. Polymer, London **14** (1973) 10, S. 515–520.

Podalinskij, A. V., Poddubnyj, I. Ja.: Fraktionierender Effekt des in einem teilweise löslichen Polymeren enthaltenden Gelanteils. Dokl. Akad. Nauk SSSR (Ber. Akad. Wiss. UdSSR) **212** (1973) 5, S. 1153–1154.

Mayoux, C., Antoniou, A., Bui Ai, Lacoste, R.: Einfluß von Ionen geringer Energie auf den Abbau von Polyäthylen durch partielle Entladungen. European Polymer J. **9** (1973) 10, S. 1069–1075.

Steinke, J., Wald, H.: Notiz über den Abbau von Polyäthylenterephthalat in Dichloressigsäure. Makromol. Chemie **171** (1973) S. 253–255.

Gibb, W. H., MacCallum, J. R.: Photochemischer Abbau von Polyvinylchloridfilmen. III. Einfluß von Peroxidzusätzen. J. Polymer Sci.: Polymer Symposia (1973) 40, S. 9–17.

Matisová, R. L., Lazár, M., Rychlý, J., Karpuchin, O. N. (Schreibw. *Karpukhin, O. N.*): Untersuchung der Inhibitorwirkung von stabilen Iminoxyradikalen auf den oxydativen Abbau von Polymeren. J. Polymer Sci.: Polymer Symposia (1973) 40, S. 145–155.

Lisá, E., Pospíšil, J.: Antioxydantien und Stabilisatoren. XXXVII. Beitrag zur Aufklärung der Unterschiede zwischen den Antioxydationsaktivitäten von isomeren zweiwertigen Phenolen. XXXVIII. Einfluß der Initiierung von Nebenreaktionen auf die antioxydative Aktivität von Hydrochinonderivaten. J. Polymer Sci.: Polymer Symposia (1973) 40, S. 209–222; 223–232.

Protivová, J., Pospíšil, J., Zikmund, L.: Antioxydantien und Stabilisatoren. XXXIX. GPC-Analyse der Zusätze für als Nahrungsmittelverpackungsmaterial verwendete Polyolefine und PVC. J. Polymer Sci.: Polymer Symposia (1973) 40, S. 233–243.

Zikmund, L., Janota, J., Brodilová, J., Pospíšil, J.: Antioxydantien und Stabilisatoren. XL. Faktoren, die zum thermischen Abbau von tert.-Butylhydropyeroxid beitragen. J. Polymer Sci.: Polymer Symposia (1973) 40, S. 245–256.

Lerchová, J., Pospíšil, J.: Antioxydantien und Stabilisatoren. XLV. Oxydation von halogenierten zweiwertigen Phenolen und Vergleich mit der Antioxydationsaktivität. J. Polymer Sci.: Polymer Symposia (1973) 40, S. 207–318.

Pospíšil, J., Taimr, L., Horák, J.: Antioxydantien und Stabilisatoren. XLVI. Umwandlungen von Antioxydantien während des inhibierten oxydativen Abbaus: Zweiwertige Phenole in Tetralin und Polypropylen. J. Polymer Sci.: Polymer Symposia (1973) 40, S. 319–325.

Vojnova, S., Angelova, A., Minčeva, V., Dimitrov, D. (Schreibw. i. Orig.: *Wojnova, Simeona, Minčeva, W.*): Einwirkung verschiedener Stabilisatoren auf die Eigenschaften von Polyäthylenterephthalat. Faserforsch. u. Textiltechnik **24** (1973) 11, S. 452–455.

Fenton, D. E., Parker, J. M., Wright, P. V.: Komplexe von Alkalimetallionen mit Polyäthylenoxid. Polymer, London **14** (1973) 11, S. 589.

Kovács, E., Wolkóber, Z.: Wirksamkeit von organischen Phosphiten. J. Polymer Sci.: Polymer Symposia (1973) 40, S. 73–78.

Ramnäs, O., Samuelson, O.: Die Geschwindigkeit der Hydroxyäthylierung von Cellulose in Natriumhydroxidlösung. Svensk Papperstidn. **76** (1973) 15, S. 569–571 (engl.).

Becker, R., Neumann, G.: Vorausberechnung von Glastemperaturen bei Polyurethanen. Plaste u. Kautschuk **20** (1973) 11, S. 809–815.

Raciti, R., Cuniberti, C.: Turbidimetrische Methode in der Untersuchung der Polymerkristallisation aus verdünnten Lösungen. Nuovo Chimica, Milano **49** (1973) 11, S. 35–39.

Tsukamoto, Ch., Nagai, H., Eto, K., Fujimoto, F.: Korrelation zwischen Gelbindung und relativer Molekülmasse beim thermischen Abbau von Poly-m-xylylenadipinamid. Kobunshi Kagaku, Tokyo (Chem. High Polymers) **30** (1973) 339(7), S. 419–423 (jap.; engl. Zusammenfass.).

Tanaka, N., Nakajima, A.: Einfluß der Kristallsequenzlänge und ihrer Verteilung auf das Schmelzen von zweikomponentigen Copolymeren. Sen-i Gakkaishi (J. Soc. Fiber Sci. Technol. Japan) **29** (1973) 8, S. T309–T312 (jap.; engl. Zusammenfass.)
Teil 2: „Untersuchungen über die Thermodynamik des Schmelzens von Copolymeren".

Philipp, B., Schleicher, H., Wagenknecht, W.: Quell- und Löseprozesse bei Zellulose mit unterschiedlicher Struktur. Zellstoff u. Papier **22** (1973) 11, S. 324–330.

Dondos, A., Viras, K., Aroni, F.: Einfluß der Vorzugssolvatation auf Makromolekülabmessungen in Lösungen in Lösungsmittelgemischen. European Polymer J. **9** (1973) 10, S. 1051–1061 (franz.).

Lorkowski, H.-J., Wigant, L.: Über die Beziehungen zwischen Struktur und Eigenschaften bei vernetzten aliphatischen Diallylestern. Plaste u. Kautschuk **20** (1973) 11, S. 818–822.

Matsumoto, K., Maeda, M., Imamura, R.: Änderungen der dynamischen viskoelastischen Eigenschaften von biaxial gereckten Polyvinylchloridfolien. Sen-i Gakkaishi (J. Soc. Fiber Sci. Technol. Japan) **29** (1973) 8, S. T322–T329 (jap.; engl. Zusammenfass.).

Guljavzev, V. N., Sivergin, M., Selenev, V., Berlin, A. A. (Schreibw. i. Orig.: *Guljawzew, W. N., Siwergin, M., Selenew, W.*): Untersuchung von molekularen Bewegungsvorgängen bei tiefen Temperaturen in vernetzten Oligoesteracrylatpolymeren. Plaste u. Kautschuk **20** (1973) 11, S. 802–808.

Mark, J. E.: Konfigurationsstatistik von Äthylen-Vinylchlorid-Copolymeren. Polymer, London **14** (1973) 11, S. 553–557.

Loseva, L. P., Pauškin, Ja. M., Loser, Ju. P., Isakovič, V. N.: Katalytische Aktivität von paramagnetischen Polyamidinsulfiden. Dokl. Akad. Nauk SSSR (Ber. Akad. Wiss. UdSSR) **213** (1973) 1, S. 129–131.

Nakafuku, Ch., Taki, S., Takemura, T.: Molekülbewegung in Polytetrafluoräthylen unter hohem Druck. Polymer, London **14** (1973) 11, S. 558–560.

Anderson, J. L.: Vorhersage der Konzentrationsabhängigkeit der Diffusionskoeffizienten von Makromolekülen. IEC. Ind. engng. Chem./Fundamentals **12** (1973) 4, S. 488–490.

Physik und Chemie der Monomeren und Oligomeren

Ando, I., Nishioka, A.: Die chemischen Verschiebungen und die Konformationen von linearen Kohlenwasserstoffen. 2. Makromol. Chemie **171** (1973) S. 195–210 (engl.).

Vladimirova, M. P., Malych, V. A., Čegolja, A. S.: Untersuchung der Wirksamkeit von Katalysatoren für die Veresterung von Terephthalsäure mit Äthylenglykol und von Inhibitoren für die Diäthylenglykolbildung. Chim. Volokna (Chem. Fasern) (1973) 5, S. 20–22.

Kumar, N. G.: Synthese von 2-Vinylbenzimidazol. J. Polymer Sci.: Polymer Letters **11** (1973) 7, S. 461–463.

Wolf, F., Fechtel, G., Taeger, E.: Zur Synthese, Charakterisierung und Metallionenselektivität von Intermesh-Kationenaustauscherharzen unter Verwendung von Natriumchlorvinylsulfonat als ein Monomeres. Plaste u. Kautschuk **20** (1973) 11, S. 816–818.

Kolčin, I. K.: Neue Richtungen der Acrylnitrilsynthese. Chim. Prom. (Chem. Ind.) (1973) 11, S. (815)15–(820)20.

Manecke, G., Rotter, U.: Über das 3,4-Diaminostyrol. 2. Makromol. Chemie **171** (1973) S. 49–55.

Polymerisation

Perico, A., Delfino, S., Bianchi, U.: Simulierung der Kettenbewegung von Makromolekülen und Kinetik des Abbruchs radikalischer Vorgänge. Nuova Chimica, Milano **49** (1973) 9, S. 35–41.

Ogata, N., Tanaka, H., Saito, R.: Synthese von Polyhydrazidäthern aus Hydroxybenzoesäure und die Cyclodehydratisierungsreaktion. Kobunshi Kagaku, Tokyo (Chem. High Polymers) **30** (1973) 339(7), S. 424–429 (jap.; engl. Zusammenfass.).

Yokota, K., Tomioka, H., Adachi, K.: Durch Triäthylamin sensibilisierte photochemische Polymerisation von Styrol. Polymer, London **14** (1973) 11, S. 561–564.

Hallensleben, M. L.: Herstellung und Polymerisation isomerer p-Methylnaphthylstyrole. European Polymer J. **9** (1973) 10, S. 985–992 (dt.).

Rychlý, J., Lazár, M., Pavlinec, J.: Untersuchung über die Reaktion von Oxyradikalen mit Antioxydantien an synthetischen Zeolithen. J. Polymer Sci.: Polymer Symposia (1973) 40, S. 133–143.

De Boos, A. G.: Darstellung und Charakterisierung einiger Polymerer mit endständigen primären Aminogruppen. Polymer, London **14** (1973) 11, S. 587–588.

Kwang-Fu, Ch.: Polymerisation von Acrylamid in wäßriger saurer Lösung. Kobunshi Kagaku, Tokyo (Chem. High Polymers) **30** (1973) 339(7), S. 429–433 (jap.; engl. Zusammenfass.).

Borisov, G., Troev, K.: Herstellung von bis-(ω-Hydroxyalkyl)-phosphiten und von Polyurethanen daraus. European Polymer J. **9** (1973) 10, S. 1077–1083.

Pankratova, E. T., Tichomirov, B. I., Šelich, A. F.: Blockpolymere auf der Basis von Polyazinen mit Konjugationssystem und Endgruppen. Vysokomol. Soed. (Hochmol. Verbind.) Serie A **15** (1973) 10, S. 2171–2179.

Chapiro, A., Lesaulnier, P.: Strahlungsinduzierte Copolymerisation von kristallinen Mischungen: Styrol/Laurylmethacry lat. European Polymer J. **9** (1973) 9, S. 863–876 (franz.).

Ogo, Y., Yokawa, M., Imoto, T.: Photo-sensibilisierte Polymerisation von Styrol unter hohem Druck. Makromol. Chemie **171** (1973) S. 123–133 (engl.).

Kodaira, T., Morishita, K., Yamaoka, H., Aida, H.: Cyclopolymerisation. I. ESR-Untersuchung von bestrahltem N-Methyldimethacrylamid. J. Polymer Sci.: Polymer Letters **11** (1973) 6, S. 347–350.

Hirooka, M.: Copolymerisation von Vinylverbindungen in Gegenwart von Alkylaluminiumhalogeniden. Nuova Chimica, Milano **49** (1973) 9, S. 50–54.

Tani, H.: Stereospezifische Polymerisation von Aldehyden und Epoxiden. Advances Polymer Sci./Fortschritte Hochpolymeren-Forsch. **11** (1973) S. 57–110.

Ishimori, M., Nakasugi, O, Yokobori, K., Tsuruta, T.: Untersuchungen über metallorganische Verbindungen als Polymerisationskatalysatoren. 6. Diäthylcadmium enthaltendes System für die Polymerisation von Propylenoxid. Makromol. Chemie **171** (1973) S. 41–47 (engl.).

Guyat, A., Sili, P., Agouri, E., Laputte, R.: Anwendung von $Zn(C_2H_5)_2$ im Katalysatorsystem für die Olefinpolymerisation. 1. Reaktion von $Zn(C_2H_5)_2$ mit γ-$TiCl_3$ und Untersuchung des Katalysators. Makromol. Chemie **171** (1973) S. 27–40 (engl.).

Kennedy, J. P., Desai, N. V., Sivaram, S.: Alkylierung von tertiären Alkylhalogeniden mit Trialkylaluminiumverbindungen. Ein Modell für die Start- und Abbruchreaktionen bei kationischen Polymerisationen. J. amer. chem. Soc. **95** (1973) 19, S. 6386–6390.

Koršak, V. V., Dorošenko, Ju. E., Izyneev, A. A., Mognonov, D. M., Kuz'mičev, A. N., Verok, M.: Synthese und Untersuchung von Polymeren auf der Basis von 1,4,5-Naphthalintricarbonsäurederivaten und aromatischen Diaminen. Vysokomol. Soed. (Hochmol. Verbind.) Serie B: Kratkie Soobšč. (Kurzmitt.) **15** (1973) 9, S. 691–694.

Hayashi, Y., Tazuke, S.: Donator/Akzeptor-Wechselwirkungen in Polymersystemen. 1. Synthese und Eigenschaften von Polyamiden mit Carbazolgruppen in der Hauptkette. Makromol. Chemie **171** (1973) S. 57–68 (engl.).

Matsuda, H., Dohi, H.: Herstellung und Copolymerisation von mehrwertigen Metallsalzen von Äthylenglykolmethacrylatphthalat. J. appl. Polymer Sci. **17** (1973) 7, S. 2289–2299.

Lewis, I. C.: Polymerisationsmechanismus. bei der Carbonisierung. Nuova Chimica, Milano **49** (1973) 10, S. 89–94.

Sonderfragen

Aptel, P., Cuny, J., Jozefonvicz, J., Morel, G., Neel, J.: Umgekehrte Pervaporation an durch strahlungsinduzierte Pfropfung von N-Vinylpyrrolidon modifizierten Polytetrafluoräthylenfilmen. European Polymer J. **9** (1973) 9, S. 877–886 (franz.).

Kubin, M., Špaček, P.: Gleichzeitiger Ablauf der Diffusion und der chemischen Reaktion in einer asymmetrischen katalytisch aktiven Membran. Polymer, London **14** (1973) 10, S. 505–508.

II. Faserstoffe. Ausgangsstoffe usw.

Naturfaserstoffe

Pflanzliche Faserstoffe

Hebeish, A., Kantouch, A., Khalil, M. I., El-Rafie, M. H.: Pfropfcopolymerisation von Vinylmonomeren auf modifizierte Baumwolle. VI. Durch Mangan(IV) initiierte Vinylpfropfcopolymerisation. J. appl. Polymer Sci. **17** (1973) 8, S. 2547–2556.

Tierische Faserstoffe

Brauer, G. M., Germini, D. J.: Pfropfen von Acrylaten und Vinylketten auf Kollagen mit einem Cer(IV)-Initiator. J. appl. Polymer Sci. **17** (1973) 8, S. 2557–2568.

Chemiefaserstoffe

Kummer, D.: Chemiefaserstoffe im textilen Sekundärrohstoffbereich. Formeln, Faserstoffe, Fertigware (1973) 3, S. 54–57.

Bode, H.: Die Entwicklung der Chemiefaserproduktion im VEB Filmfabrik Wolfen – Fotochemisches Kombinat. Formeln, Faserstoffe, Fertigware (1973) 3, S. 4–23.

Trofimov, A. M.: Rationelle Organisation des Arbeitsplatzes der Spulerin an den Umspulmaschinen BPI-1. Chim. Volokna (Chem. Fasern) (1973) 5, S. 72–73.

Cellulose und Zellstoff

Taga, T., Inagaki, H.: Die Abtrennung und Charakterisierung von Seitenkettenpolymeren in Cellulose-Styrolpfropf-Copolymeren. Angew. makromol. Chemie, Basel **33** (1973) S. 129–142 (engl.).

Kupcan, N. A., Makarova, T. P., Meos, A. I.: Oxydativer Abbau der Cellulose in alkalischem Medium in Gegenwart von Katalysatoren. Chim. Volokna (Chem. Fasern) (1973) 5, S. 30–32.

Jayme, G., Islam, A.: Über Wechselbeziehungen zwischen einigen physikalischen und chemischen Kennziffern von Cellulosen. Papier **27** (1973) 10, S. 426–429.

Berndt, W.: Über die Feinstruktur von Buchen- und Fichtenzellstoffen. Mit der Methode von Jayme/Roffael erzielte Erkenntnisse. Vyskum. Práce Odboru Pap. Celulózy (Forsch.-Arb. Papier-Zellstoffind.) (1973) 18, S. V45–V48.

Regeneratfaserstoffe

Michajlov, N. V., Belousova, T. A., Platonov, V. A., Litovčenko, G. D., Kostina, R. I.: Abhängigkeit der Festigkeit von Regeneratcellulosefaserstoffen vom Orientierungsrecken. Vysokomol. Soed. (Hochmol. Verbind.) Serie B: Kratkie Soobšč. (Kurzmitt.) **15** (1973) 9, S. 694–698.

Synthetische Faserstoffe

Koževnikov, Ju. P.: Verfahren zur Ermittlung der für den raschen Zerfall einer konzentrierten Polymerlösung in die Phasen erforderlichen Fällmittelkonzentration. Chim. Volokna (Chem. Fasern) (1973) 5, S. 73–74.

Geller, V. E.: Technologien zur Herstellung von hochfestem Polyestermonofil. Chim. Volokna (Chem. Fasern) (1973) 5, S. 76–77.

Ruta, D.: Neue Anwendungsmöglichkeiten für Acrylfaserstoffe. Tex/Textilis, Gent (1973) 10, S. 24–28.

Perepelkin, V. E., Smirnov, V. S., Dergačev, V. S., Berman, Ja. M.: Vinolfaserstoff und seine Anwendung. Bumaž. Prom. (Papier-Ind.) (1973) 10, S. 6–7.

Pikler, A., Legén, J., Repka, J.: Modifizierte Polyglykole als Zusätze in Poly-ε-Caprolactam während der Faserherstellung. Chem. Vlákna, Svit (Chem. Fasern) **23** (1973) 3, S. 63–67.

Coppola, G., Frediani, P.: Messungen an Polyäthylenterephthalatfäden in einem Differentialkalorimeter. Nuova Chimica, Milano **49** (1973) 10, S. 37–39.

Jambrich, M., Marko, J.: Neue Verfahrensrichtungen der Präparation und Modifikation von Chemiefaserstoffen. Chem. Vlákna, Svit (Chem. Fasern) **23** (1973) 3, S. 43–52.

Künstliche mineralische Faserstoffe

Edelstahlfasern schützen Textilien vor elektrostatischer Aufladung. VDI-Nachr. **27** (1973) 47, S. 25.

Ausgangsstoffe. Schaumstoffe. Kautschuk

Kleindienst, U., Uhland, E.: Optimieren von Extrudern. Kunststoffe **63** (1973) 10, S. 686–691.

Krause, G.: Auslegung und Konstruktion von Extrudern. Kunststoffe **63** (1973) 10, S. 667–670.

Leggewie, E., Wurl, G.: Extrudieren von Folien und Platten über die Breitschlitzdüse. Kunststoffe **63** (1963) 10, S. 675–678.

Sichere Führung mit durchsichtigen Nähfüßen. VDI-Nachr. **27** (1973) 47, S. 25.

III. Fäden-Herstellungstechnologien

Spinnerei. Zwirnerei

Artzt, P., Schreiber, O.: Bestimmung der Güte der Vorauflösung in Abhängigkeit der Speisung und der Vorreißerdrehzahl an Hochleistungskarden bei Produktion oberhalb 30 kg/h. Melliand Textilber. internat. **54** (1973) 10, S. 1007–1012.

Gruoner, S.: Verkürzter Kammgarn-Produktionsprozeß mit Repco-Spinneinheiten. Melliand Textilber. internat. **54** (1973) 10, S. 1013–1015.

Spinnerei

Karadački, I., Angelov, N.: Technisch-ökonomische Untersuchungen des pneumatisch-mechanischen Spinnverfahrens. Tekstil. Prom., Sofija (Textil-Ind.) **22** (1973) 6/7, S. 288–291.

Rotoren lösen Spindel ab. VDI-Nachr. **27** (1973) 47, S. 25.

Herstellung von Velicren nach dem System der Baumwollspinnerei. Textilia, Milano **49** (1973) 9, S. 51–58.

Zwirnerei

Burghardt, H.: Einsatz von Nylon-Läufern auf Singermetallringen auch bei Baumwoll- und Mischgarnen. Melliand Textilber. internat. **54** (1973) 10, S. 1012.

Erzeugnisse der Spinnerei und Zwirnerei

Kovac, F. J.: Symposium über Reifencord, 1972 bis 1982. Vorwort. J. appl. Polymer Sci. **17** (1973) 7, S. 1989–1991.

De Bruyne, E. A., Vanhoutte, J. S.: Derzeitige anorganische Faserstoffe für Reifen: Stahl. J. appl. Polymer Sci. **17** (1973) 7, S. 2033–2038.

Promislov, A. L., Steele, R., Whitworth, P. D.: Der Markt für Polyester-, Polyamid- und Viskoseseide für den Einsatz in Reifen. J. appl. Polymer Sci. **17** (1973) 7, S. 1993–2001.

Texturfäden

Rodionov, V. A., Usenko, V. A.: Untersuchung der Ursachen für das Auftreten der Streifigkeit bei Fertigerzeugnissen aus texturierten Kapronfäden. Chim. Volokna (Chem. Fasern) (1973) 5, S. 65–67.

Kupczyński, C.: Schrumpfung von Anilanagarn auf der Vorrichtung „Superba". Technik włókienn. (Textiltechn.) **22** (1973) 6, S. 182–186.

Kernmantelfäden

Želev, Ž., Dimitrov, G.: Kernmantelgarne für die Weberei und Konfektion. Tekstil. Prom., Sofija (Textil-Ind.) **22** (1973) 6/7, S. 298–300.

Sonstige Fäden

Wentworth, A.: Eine neue Technik zur Herstellung von Faserstoffen. Textilia, Milano **49** (1973) 9, S. 89–91.

IV. Flächengebilde-Herstellungstechnologien

Materialvorbereitung

Trauter, J.: Ein Beitrag zum Thema Nachwachsen. Melliand Textilber. internat. **54** (1973) 10, S. 1031–1034.

Weberei

Witkowski, I.: Die Webtechnik – ihre Zukunft und ihr Platz in der Textilindustrie. Technik włókienn. (Textiltechn.) **22** (1973) 6, S. 175–177.

Gerassimova, L. S., Maksimova, L. M., Kaminskaja, L. A., Pakšver, A. B.: Stabilisierung von Kapronfaserstoffen. Chim. Volokna (Chem. Fasern) (1973) 5, S. 47–49.

Weberei-Technologie

Mühlmann, R.: Einsatzmöglichkeiten künftiger kontinuierlicher Webverfahren. Textiltechnik, Leipzig **23** (1973) 10, S. 631–633.

Jackson, K. C., Whitaker, D.: Die Kontrolle des Schußabfalles während des Webens grober Garne: eine statistische Methode. Textile Inst. Ind. **11** (1973) 10, S. 266–268.

Erzeugnisse der Weberei

Darvell, J. F. S.: Textilien aus Glasfaserstoffen als Raumtextilien. Textilia, Milano **49** (1973) 9, S. 109–111.

Kubulák, F.: Produktionstendenzen von synthetischen Teppichkabeln in der Welt. Wirtschaftsnachrichten aus dem Ausland. Chem. Vlákna, Svit (Chem. Fasern) **23** (1973) 2, S. 34–41.

Kautz, G.: Herstellen monoaxial gereckter Webbändchen und Monofile aus Polyolefinen. Kunststoffe **63** (1973) 10, S. 682–686.

Wirkerei- und Strickerei-Technologie

Edelmann, G.: Maschenechnik und Chemiefaserstoffe – Partner einer permanenten Entwicklung. Formeln, Faserstoffe, Fertigware (1973) 3, S. 28–32.

Wignall, H.: Kinetik und Wirtschaftlichkeit der Kulier-Strickerei/Wirkerei. Teil 1 u. 2. Knitting Times **42** (1973) 13, S. 69–71; 14, S. 53–55.

Neue Maschinenserie von Orizio. Textilia, Milano **49** (1973) 9, S. 75–78.

Erzeugnisse der Wirkerei und Strickerei

Feicht, B.-P.: Fehler an Kettenwirkautomaten und Waren / Ursachen und Beseitigung. Melliand Textilber. internat. **54** (1973) 10, S. 1050–1053.

Koev, K.: Entwicklungsrichtungen der Trikotagenindustrie. Tekstil. Prom., Sofija (Textil-Ind.) **22** (1973) 6/7, S. 276–278.

Vlachov, K., Kantardžieva, V., Zavjalova, St., Mjankova, Z., Ribarev, B.: Möglichkeiten für eine bessere Verarbeitung von Widlon in der Trikotagenindustrie. Tekstil. Prom., Sofija (Textil-Ind.) **22** (1973) 6/7, S. 341–344.

Förster, E., Dietel, A.: Einsatz von Wolpryla-Hochbausch in Kombination mit Texturseiden auf Großrundstrickmaschinen. Bekleid. u. Maschenware **12** (1973) 5, S. 228–230.

Konfektion

Howard, G. M., Virgilio, D. R., Mack, E. R.: Nähnadel-Temperatur. Teil III. Die Einflüsse der Nähbedingungen. Textile Res. J. **43** (1973) 11, S. 651–656.

Nikolova, M.: Neue Methoden bei der Konfektionierung von Bekleidung. Tekstil. Prom., Sofija (Textil-Ind.) **22** (1973) 6/7, S. 354–356.

Dimov, I.: Einige Hauptfragen des technischen Fortschritts in der Konfektionsindustrie. Tekstil. Prom., Sofija (Textil-Ind.) **22** (1973) 6/7, S. 279–282.

Textilverbundstoffe

Faserverbundstoffe. Vliesstoffe

Škrabák, M.: Neue Verfahren und Anlagen zur Herstellung von Vliesstoffen auf nassem Wege. Papír a Celulóza, Praha **28** (1973) 9, S. 181–184.

Christov, M., Radnev, J., Dimitrov, K., Christov, M., Arojo, D., Černev, V., Spirov, B.: Fließstraße zur Herstellung von Nadelfußbodenbelägen. Tekstil. Prom., Sofija (Textil-Ind.) **22** (1973) 6/7, S. 318–321.

Popchristov, I.: Herstellung von Vliesstoffen nach dem physikalisch-chemischen und anderen kombinierten Verfahren. Tekstil. Prom., Sofija (Textil-Ind.) **22** (1973) 6/7, S. 308–311.

Zulev, St., Dačev, L., Milkov, M., Vasilev, R.: Maschine Kinemat zur Herstellung von Vliesstoff-Fußbodenbelägen. Tekstil. Prom., Sofija (Textil-Ind.) **22** (1973) 6/7, S. 314–318.

Fadenverbundstoffe

van Gorp, P. J. M.: Malimo-Nähwirktechnik. Technische und wirtschaftliche Möglichkeiten. III. Tex/Textilis, Gent (1973) 10, S. 36–38, 41, 43, 46.

Schichtstoffe

Schmidt, G. F.: Schichtstoffe aus Plasten, Elasten und Chemiefasern. Formeln, Faserstoffe, Fertigware (1973) 3, S. 41–46.

V. Textilveredlung

Enev, St.: Probleme des technischen Fortschritts in der Textilveredlung. Tekstil. Prom., Sofija (Textil-Ind.) **22** (1973) 6/7, S. 282–284.

Farbstoffe. Textilhilfsmittel

Bercsényi, L. G., Khalil, M. I., Kantouch, A., Hebeish, A.: Die Struktur der mit nichtionischen Emulgatoren bereiteten Emulsionen. I. Einfluß des Emulgatortyps. Kolor. Ertesitö, Budapest (Kolor. Rdsch.) **15** (1973) 9/10, S. 244–260 (engl.).

Schutz, R. A.: Über die rheologische Charakterisierung der Schlichten – wozu und wie? Melliand Textilber. internat. **54** (1973) 10, S. 1025–1029.

Bleicherei. Sonstige Vorbehandlungsverfahren der Textilveredlung

Rösch, G.: Zur Anwendung optischer Aufheller in der Textilindustrie. Das optische Aufhellen von Artikeln aus Polyacrylnitrilfasern. Kompendium über das optische Aufhellen – Teil VI. Textilbetrieb **91** (1973) 10, S. 53–55.

Neveling, V., Sebb, W.: Bemerkungen zum NET-Verfahren. Voraussetzungen. Ergebnisse und Ausblicke. Textilbetrieb **91** (1973) 10, S. 46–48.

Färberei

Miličevič, B.: Zur Theorie färbetechnologischer Kennzahlen und deren Anwendung in der Verfahrensentwicklung. Melliand Textilber. internat. **54** (1973) 10, S. 1071–1077.

Gilchrist, A. K., Rattee, I. D.: Das Klotz-Kaltverweil-Verfahren für das Färben von Wolle mit Reaktivfarbstoffen. I. Komplexbildung in Klotzflotten. Textile Chemist Colorist **5** (1973) 6, S. 33–36.

Urbanik, A., Etters, J. N.: Teilweise Farbstoff-Wanderung während des Färbens von Geweben, die mit Farbstoffdispersionen geklotzt sind. Textile Res. J. **43** (1973) 11, S. 657–661.

Kimura, M., Yoshie, J., Shimizu, T.: Untersuchungen über die Beziehung zwischen der Struktur von 1:2-Metallkomplexfarbstoffen und dem Diffusionsverhalten dieser Farbstoffe in Polyamid. Sen-i Gakkaishi (J. Soc. Fiber Sci. Technol. Japan) **29** (1973) 8, S. T356–T361 (jap.; engl. Zusammenfass.).

Festerling, W.: Färben von Acrylfasern in Heimtextilien. Internat. Textil-Bull., Färberei/Ausrüstung; Schlieren (1973) 3, S. 295–296, 301–302.

Scheller, M., Mönch, R.: Diskontinuierliches Färben von Materialien aus Polyamidfasern in organischen Lösungsmitteln. Textil. Prom., Sofija (Textil-Ind.) **22** (1973) 6/7, S. 324–326.

Druckerei

Enev, St.: Neue Richtungen beim Bedrucken von Teppichen. Tekstil. Prom., Sofija (Textil-Ind.) **22** (1973) 6/7, S. 334–337.

Ausrüstung. Trocknung

Roth-Walraf, H.-A., Valk, G.: Hydrothermische Fixierung von Polyesterfasern. 12. Mitteilung über das Fixieren von PES. Melliand Textilber. internat. **54** (1973) 10, S. 1114.

Frank, A., Drake, G. L., jr.: Die jodometrische Bestimmung von Phosphor(III) in Flammenverzögerern für Baumwolle. Teil I. Entwicklung der Methode. Textile Res. J. **43** (1973) 11, S. 633–638.

Nossar, M. S., Chaikin, M., Datyner, A.: Hochintensive Trocknung textiler Fasern. Teil I. Das Wesen eines Luftstromes durch ein Faserbett während der Trocknung. J. Textile Inst. **64** (1973) 10, S. 594–600.

Die elektrostatische Beflockung. Möglichkeiten und Grenzen in der Herstellung beflockter textiler Flächengebilde. Textilbetrieb **91** (1973) 10, S. 49–52.

Jones, F. W., Leeder, J. D., Wemyss, A. M.: Das Knitterverhalten von Wollgeweben: Der Einfluß der Bildung von Formaldehyd-Kondensat-Polymeren auf die Stabilisierung gehärteter Wolle. J. Textile Inst. **64** (1973) 10, S. 587–593.

Easy-care-Ausrüstung von Baumwollgeweben. Tex/Textilis, Gent (1973) 10, S. 32–34.

Johnson, E. H., Cuculo, J. A.: Die Reaktionen von Cellulose mit Säureamiden und Anhydrid/Ammoniak. Teil III: Reaktionsfähigkeit von α,β-Säureamiden und den entsprechenden Anhydriden/Ammoniak. Textile Res. J. **43** (1973) 5, S. 283–293.

Makinson, K. R., Lead, J. A.: Natur und Funktion von Kunstharz in der Chlor/Kunstharz-Schrumpfechtausrüstung von Woll-Lunten. Textile Res. J. **43** (1973) 11, S. 669–681.

Bendak, A.: Einige neue Gesichtspunkte der Photochemie der Wolle. III. Ausrüstung der Wolle gegen die Vergilbung durch Sonnenlicht. Kolor. Ertesitö, Budapest (Kolor.-Rdsch.) **15** (1973) 9/10, S. 242–253 (engl.).

Reine, A. H., Portnoy, A., Arthur, J. C.: Lichtinitiierte Polymerisation auf Baumwolle. Copolymerisation von Acrylamid-Monomeren mit Baumwolle. Textile Res. J. **43** (1973) 11, S. 638–641.

Wäscherei. Chemische Reinigung

Gänßle, A.: Umweltschutz und die Chemischreinigung. II. u. III. Reiniger + Wäscher **26** (1973) 11, S. 47–51; 10, S. 23–25.

VI. Werkstoffprüfung. Meß- und Prüftechnik. Standardisierung

Prüfmöglichkeiten zur Ermittlung der Wasserabweisung bei hydrophob ausgerüsteten Artikeln. Melliand Textilber. internat. **54** (1973) 10, S. 1116–1117.

Wandel, M., Gutschick, E., Carl, W.: Probleme und Möglichkeiten moderner Teppichfasern. Internat. Textil-Bull, Färberei/Ausrüstung; Schlieren (1973) 3, S. 221–222, 227–228, 233–234, 239–240.

Eigenschaften und Fehler der Textilmaterialien u. a.

Wulff, W., Alkidas, A., Hess, R. W., Zuber, N.: Entflammbarkeit von Textilstoffen. Textile Res. J. **43** (1973) 10, S. 577–588.

Krejči, M., Štepánková, V.: Beitrag zu den Charakteristiken der Fasergebilde, die aus Polymerfolien gebildet wurden. Textil, Praha **28** (1973) 9, S. 326–328.

Schröder, G., Engel, W.: Charakterisierung von Bindemitteln auf Polyacrylsäureesterbasis in Klebvliesstoffen durch Anfärbemethoden. Textiltechnik **23** (1973) 10, S. 637–639.

Čachojan, P. A., Štejnberg, Ja. A.: Verbesserung der textilphysikalischen Eigenschaften von modifizierten Acetatfaserstoffen durch thermische Behandlung. Chim. Volokna (Chem. Fasern) (1973) 5, S. 75–76.

Halboth, H.: Physik der Textilien. Bild d. Wiss. **10** (1973) 10, S. 1149–1154.

Prevorsek, D. C., Butler, R. H.: Einfluß der relativen Molekülmasse auf die Festigkeit von Polyamid-6- und PAT-Faserstoffen. Internat. J. polymeric Materials **2** (1973) 3, S. 185–203.

Throne, J. L.: Einige Beobachtungen über die Schrumpfung von Synthesefaserstoffen, die einer Flamme ausgesetzt sind. Textile Res. J. **43** (1973) 11, S. 642–646.

Prevorsek, D. C., Butler, R. H.: Bruchoberflächenenergie von hochorientierten Polymeren. Internat. J. polymeric Materials **2** (1973) 3, S. 167–183.

Mehta, I. H., Nanal, S. Y.: Änderungen der Gewebedimensionen während der Naßverarbeitung unter besonderer Berücksichtigung von Polyester/Baumwoll-Hemdenstoff. Textile Res. J. **43** (1973) 11, S. 695–696.

Spei, M.: Struktur von Alpha-Keratin. Textile Res. J. **43** (1973) 11, S. 692–693.

Gorbačeva, V. O., Michajlova, T. K., Fedorkina, S. G., Konnova, N. F., Azarova, M. T., Konkin, A. A.: Thermographische und thermogravimetrische Untersuchung des thermischen Verhaltens von unterschiedlich ersponnenen Polyacrylnitrilfaserstoffen. Chim. Volokna (Chem. Fasern) (1973) 5, S. 16–17.

Sperschneider, K., Ehrhardt, St.: Einsatzmöglichkeiten bekleidungshygienisch wichtiger textilphysikalischer Prüfverfahren im Industriezweig Trikotagen und Strümpfe. Bekleid. u. Maschenware **12** (1973) 5, S. 199–205.

Viswanathan, A.: Einige Versuche über die Reibung der Baumwollfasern. J. Textile Inst. **64** (1973) 10, S. 553–557.

Barella, A., Vigo, J. P.: Einfluß der Benetzung auf das Drehungsmoment von Baumwoll-, Synthese- und Mischgarnen. Invest. Inform. textil, Tensioactivos, Barcelona **16** (1973) 3, S. 279–297.

Stasák, J.: Eine Untersuchung über die Wirkung direkter und schrittweiser Reckung auf die physikomechanischen Eigenschaften von Polyamidfasern. Chem. Vlákna, Svit (Chem. Fasern) **23** (1973) 2, S. 26–33.

Meß- und Prüftechnik

Dyson, E.: Instrumentelle EDV-gerechte Aufbereitung von Mittelwert und Streuung. J. Textile Inst. **64** (1973) 10, S. 611–613.

Siesler, H., Hummer, D. O.: IR-spektroskopische Untersuchungen an hochtemperaturbeständigen Fasern und Geweben mit der ATR-Technik. I. Theorie und Methodik der ATR-Spektroskopie. Melliand Textilber. internat. **54** (1973) 10, S. 1093–1097.

Konya, S., Yokoyama, M.: Mikrotest zur Bestimmung der Entflammbarkeit von Polymeren. Kobunshi Kagaku, Tokyo (Chem. High Polymers) **30** (1973) 339(7), S. 405–408 (jap.; engl. Zusammenfass.).

Tallant, J. D., Pittmann, R. A.: Wie man aus einem Fibrogramm Faserlängen-Meßwerte erhält. Textile Res. J. **43** (1973) 11, S. 689–691.

Blumenauer, H., Schröder, M.: Anwendung des registrierenden Schlagbiegeversuchs zur Prüfung von Plastwerkstoffen. Plaste u. Kautschuk **20** (1973) 11, S. 832–833.

David, H. G.: Internationale Zwischen-Labor-Versuche über das Prüfen der Ausbeute. J. Textile Inst. **64** (1973) 10, S. 581–586.

Schwab, R.: Anwendung der mathematischen Statistik zur Gütekontrolle in der Wirkerei/Strickerei. Melliand Textilber. internat. **54** (1973) 10, S. 1059–1062.

Sánchez, M.: Analysengerät zur Bestimmung der Enzymaktivität und seine Anwendung. Invest. Inform. textil, Tensioactivos, Barcelona **16** (1973) 3, S. 319–339.

Chatterjee, R., Bumb, A. R., Saxena, S. K.: Optimale Beobachtungszahl zur Bestimmung der durchschnittlichen Faserlänge und des durchschnittlichen Faserdurchmessers von indischen Wollen. Textile Res. J. **43** (1973) 10, S. 588–589.

Standardisierung. Terminologie

IUPAC-Macromolecular Nomenclature Commission: IUPAC Macromolecular Division – Nomenklaturvorschlag für reguläre, lineare organische Polymere. J. Polymer Sci.: Polymer Letters **11** (1973) 6, S. 389–414.

Adamczak, E.: Die RGW-Länder schaffen sich ein automatisiertes Informations- und Leistungssystem Standardisierung und Metrologie. Standardisierung u. Qualität **19** (1973) 2, S. 52–56.

VII. Betriebstechnik. Ökonomie. Tagungsberichte und dgl.. Sonderfragen

Betriebstechnik

Vera, G.: Temperaturkontrolle bei der Herstellung von synthetischen Faserstoffen. Textilia, Milano **49** (1973) 9, S. 23–26.

Zangger, R.: Kontinuierliche Erfassung der Viskosität in industriellen Prozessen. GIT. Fachz. Laboratorium **17** (1973) 11, S. 1133–1134, 1137–1140.

Dietz, A. G. H.: Plaste im Bauwesen. Internat. J. polymeric Materials **2** (1973) 3, S. 225–249.

Anlage für texturierte Filamente wird nach Jugoslawien geliefert. VDI-Nachr. **27** (1973) 47, S. 25.

Ökonomie

Sonnecken, E. H.: Faktoren, die den Markt für Reifen und Reifenfaserstoffe beeinflussen. J. appl. Polymer Sci. **17** (1973) 7, S. 2015–2025.

Tacca, P. C.: Anwendung der Methode der kleinsten Quadrate. Textilia, Milano **49** (1973) 9, S. 19–21.

Die Produktion von synthetischen Faserstoffen steigt, hat aber den Höhepunkt überschritten. Chem. engng. News **51** (1973) 36, S. 8–10.

Sonderfragen

Zingel, H.-J.: Textile Datenbank und Innovationsbeschleunigung. Internat. Textil-Bull., Färberei/Ausrüstung; Schlieren (1973) 3, S. 209–210, 215–216, 292.

Zingel, H.-J.: Textile Datenbank, Aufbau – Einsatz – Bedeutung. Melliand Textilber. internat. **54** (1973) 10, S. 1117–1118.

G. M. OSTROWSKI / J. M. WOLIN

Methoden zur Optimierung chemischer Reaktoren

(Übersetzung aus dem Russischen)
Bearbeitet und herausgegeben von KLAUS HARTMANN und WOLFGANG SCHÄFER
1973. 244 Seiten — 48 Abbildungen — 7 Tabellen — gr. 8° — Leinen 68,— M
Bestell-Nr. 761 6638 (5972)

Im vorliegenden Werk werden Fragen der optimalen konstruktiven und technologischen Gestaltung chemischer Reaktoren behandelt. Bis in die letzten Jahre beruhte die Auswahl der optimalen Variante eines Reaktors noch im wesentlichen auf der Intuition und Erfahrung der Projektanten, aber selbst der erfahrenste Projektant ist nicht in der Lage, die vielen Varianten, die bei Entwurf oder der Steuerung eines Reaktors betrachtet werden müssen, zu prüfen und zu bewerten. Durch die Anwendung der mathematischen Modellierung, elektronischer Datenverarbeitungsanlagen und effektiver Optimierungsverfahren konnte die Optimierung chemischer Reaktoren auf eine wissenschaftliche Grundlage gestellt werden. Das Werk behandelt auf einem hohen und modernen wissenschaftlichen Niveau Probleme, die mit Erfolg zur Intensivierung und Rationalisierung in der Produktion und Produktionsvorbereitung angewendet werden können.

G. M. OSTROWSKI / J. M. WOLIN

Methoden zur Optimierung komplexer verfahrenstechnischer Systeme

(Übersetzung aus dem Russischen)
Bearbeitet und herausgegeben von KLAUS HARTMANN und WOLFGANG SCHÄFER
1973. 330 Seiten — 80 Abbildungen — 8 Tabellen — gr. 8° — Leinen 86,— M
Bestell-Nr. 761 7446 (6044)

Das vorliegende Werk behandelt alle wichtigen systemtheoretischen und mathematischen Grundlagen, die erforderlich sind, um komplexe verfahrenstechnische Prozesse untersuchen, modellieren, simulieren und optimieren zu können.
Die beschriebenen Methoden bilden die Grundlage für die Schaffung von Programmsystemen zur digitalen Simulation verfahrenstechnischer Systeme, die ein Mittel zur Rationalisierung der Bewertung, Untersuchung, Auslegung und optimalen Steuerung von Anlagen der Stoffwirtschaft sind. Das Werk vermittelt wertvolle Methoden zur Intensivierung und Rationalisierung von Produktions- und produktionsvorbereitenden Prozessen.

Bestellungen durch eine Buchhandlung erbeten

THEORIA CUM PRAXI

A K A D E M I E - V E R L A G

DDR - 108 Berlin, Leipziger Str. 3—4

Zeitfracht Medien GmbH
Ferdinand-Jühlke-Straße 7
99095 Erfurt, Deutschland
produktsicherheit@kolibri360.de